「Google Chrome」「Microsoft Edge」新機能ガイド

「対話チャット」「画像生成」
「ChatGPT」「マルチ検索」「メモリセーバ」…

はじめに

「インターネットブラウザ」は、パソコンに最初からインストールされているものを使っているだけ。サイトを見るだけだから、とくに思い入れがあるわけでもないし、ブラウザごとの細かい機能の違いは気にしたことがない——

こんな方は多いのではないでしょうか。はい、自分がそうでした。

＊

使っているブラウザは、定番の「Google Chrome」か「Microsoft Edge」ですが、Webサイトにアクセスしたり、検索したりする以外の機能は、正直使っていなかったし、調べることもありませんでした。

＊

今回、本書を担当するにあたり、ブラウザの機能をいろいろ調べたり、実際に活用してみたりしましたが、「こんな便利な機能があったのか!」「生成AIが面白い!」「思った以上に自在にカスタマイズできる!」と、感動すら覚えました。

＊

おそらく、大半の方が、パソコンを使う時間の多くを、インターネットブラウザを使う時間にあてていることでしょう。

それだけ長い時間を共にするツールなのに、機能を「知らない」「使わない」は、もったいない!

＊

本書がきっかけで、実はいちばん身近なツール「インターネットブラウザ」に、多くの方が興味を示し、より深く知るきっかけになれば、幸いです。

東京メディア研究会

「Google Chrome」「Microsoft Edge」新機能ガイド

～「対話チャット」「画像生成」「ChatGPT」「マルチ検索」「メモリセイバー」…～

CONTENTS

第1章

「最新ブラウザ＆検索エンジン」の基礎知識

　本章では、「ウェブブラウザ」や「検索エンジン」の歴史や変遷を学び、2本柱である「Google Chrome」と「Microsoft Edge」の最新情報を詳しく解説します。

＊

　また、その他の「ウェブブラウザ」や「検索エンジン」についても触れます。

1-1

「ブラウザ」と「検索エンジン」の歴史と変遷

インターネット黎明期からの栄枯盛衰

Webサイトを閲覧するソフトは「Webブラウザ」(ウェブブラウザ)ですが、一般に短縮して「ブラウザ」と呼ばれることが多いのは、それだけインターネットとPCユーザーが密接な関係にあることを表わしています。

＊

世界中の情報にアクセスできるツールのブラウザや検索エンジンがどのような変遷をたどってきたのか、振り返ってみましょう。

■本間　一

世界初のブラウザ

■ WorldWideWeb

1990年12月、世界初のブラウザ「WorldWideWeb」(ワールドワイドウェブ)がリリースされました。

「WorldWideWeb」はテキストベースのブラウザで、「HTMLエディタ」の機能もあります。

「WorldWideWeb」は、UNIX系OSの「NeXTSTEP」で動作し、テキストには、「ハイパーリンク」を埋め込むことができます。

＊

「WorldWideWeb」を開発したのは、イギリスの計算科学者ティム・バーナーズ＝リー。

当時は、欧州原子核研究機構(CERN)のジュニア フェロー(有望な若手研究員)で、開発には同僚のロバート・カヨも協力しています。

「WorldWideWeb」という名称は、インターネットの情報空間を表わす言葉でもあり、名称の混乱を解消するため、「ブラウザ名」の「WorldWide Web」は、後に「Nexus」に変更されました。

＊

なお「WorldWideWeb」の現在の表記は、単語間にスペースを入れた、「World Wide Web」となっています。

■「WorldWideWeb」を体験してみよう

「CERN」は、ブラウザで動作する「WorldWideWeb」を公開していて、当時のブラウザの動作を体験できます。

＊

Webサイト「CERN 2019 WorldWideWeb Rebuild」にアクセスして、ページ右上の「Launch WorldWideWeb」ボタンをクリックすると、別タブのウィンドウで起動します。

ハイパーリンクのテキストには、アンダーラインが表示されます。

そのリンク先を表示するには、アンダーライン付きのテキストをダブルクリックします。

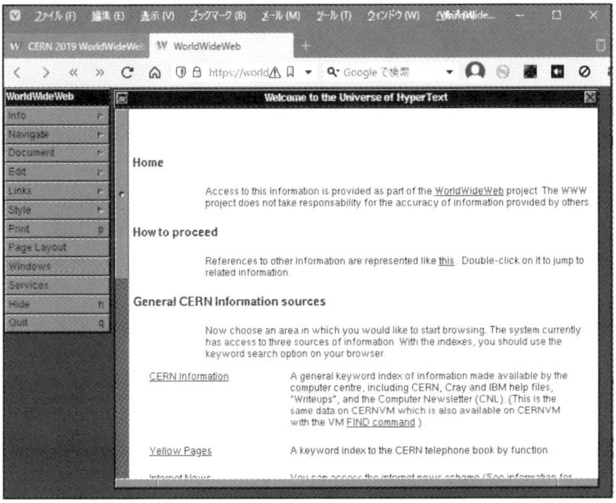

WorldWideWeb
Info
Navigate
Document
Edit
Links
Style
Print
Page Layout
Windows
Services
Hide
Quit
Welcome to the Universe of HyperText
Home
Access to this information is provided as part of the WorldWideWeb project. The WWW project does not take responsability for the accuracy of information provided by others.
How to proceed
References to other information are represented like this. Double-click on it to jump to related information.
General CERN Information sources
Now choose an area in which you would like to start browsing. The system currently has access to three sources of information. With the indexes, you should use the keyword search option on your browser.
CERN Information
A general keyword index of information made available by the computer centre, including CERN, Cray and IBM help files, "Writeups", and the Computer Newsletter (CNL). (This is the same data on CERNVM which is also available on CERNVM with the VM FIND command.)
Yellow Pages
A keyword index to the CERN telephone book by function.

図1-1-1 「WorldWideWeb」の再現画面
https://worldwideweb.cern.ch

ViolaWWW

ペイ・ユアン・ウェイ(魏培源)は、台湾系アメリカ人の実業家です。

「ViolaWWW」は、ウェイ氏がカリフォルニア大学バークレー校の学生だったときに開発したブラウザです。

*

ウェイ氏がブラウザ開発に着手したのは、「Appleのマッキントッシュで動作する、『HyperCard』の機能を、『X Window System』※1で使えるようにしたい」という、動機からでした。

「HyperCard」は、「テキスト」だけでなく、「画像」や「音声」を表示でき、「ゲーム」を表示してプレイすることもできます。

*

「ViolaWWW」は1992年にリリース。「画像表示に対応した初のブラウザ」として知られています。

「スタイルシート」や「スクリプト」の埋め込みなど、先進的な機能も搭載しています。

※1 「X Window System」は、「UNIX系OS」で、Windowsのような操作画面を表示して管理する機能をもつ。

Mosaic

「NSF」(National Science Foundation, 全米科学財団)は、大学や企業の技術研究を支援するアメリカの独立機関です。

NSFは1985年、NCSA(米国立スーパーコンピューター応用研究所)を米イリノイ大学内に設立。NCSA在籍の学生マーク・アンドリーセンは、ブラウザ「Mosaic」(モザイク)を開発し、1993年2月にリリース。

当初のMosaicは無償で利用できました。

「Mosaic」は画像をWebページに表示でき、動画や音声のコンテンツにも対応。

Mosaicの画面には、「戻る」「進む」「再読み込み」などの「ツールボタン」や「アドレスバー」が配置され、現在の「ブラウザ」のひな形になりました。

*

「Mosaic」のリリース当初は、「ViolaWWW」と同様にUNIX系の「X Window」で動作するブラウザでしたが、早急に「Windows」や「Macintosh」にも移植され、「マルチプラットフォーム」で動作するブラウザとして、圧倒的なシェアを獲得しました。

「Mosaic」は、アンドリーセンがNCSAに在籍中に開発されたため、NCSAは「Mosaicの権利はNCSAにある」と主張し、アンドリーセンは「Mosaic」の開発を自由に進めることができなくなりました。

そのような経緯から、「Mosaic」の名称は「NCSA Mosaic」となっています。

*

NCSAは1990年、開発した技術やソフトを商業展開するために、ソフト企業のスパイグラス（Spyglass, Inc.）を設立。

スパイグラスは1994年5月、数百万ドルを支払い、Mosaicのライセンスを取得しました。

その後、スパイグラスは、30日間利用可能な「Spyglass Mosaic」の「試用版ダウンロード」を提供しましたが、「製品版」は発売しませんでした。

*

スパイグラスは、Mosaicのコードを再販業者にライセンス供与するというビジネスを展開。そのライセンスは、マイクロソフトにも供与され、Mosaicのコードを使って「Internet Explorer」が開発されました。

Netscape Navigator

ジム・クラークは、業務用コンピュータの開発企業「シリコングラフィックス」(SGI)を創業した、アメリカの実業家です。

クラークは、アンドリーセンの開発したMosaicを高く評価し、Mosaicのリリースから間もなく、アンドリーセンにメールを送っていました。

クラークとアンドリーセンは1994年、共同でモザイクコミュニケーションズを設立。同年11月には社名が変更され、「ネットスケープコミュニケーションズ」になりました。

アンドリーセンは新ブラウザ「Netscape Navigator」を開発し、1994年12月に「バージョン1.0」をリリース。

その販売では、「機能制限版を無償提供」し、「高機能版を有償販売する」という戦略を採りました。

その戦略が功を奏し、「Netscape Navigator」は順調にシェアを拡大していいます。

*

現在では、多種のブラウザを無償で使えますが、当時は、「PCを買ったらブラウザも買ってインストール」というイメージでした。

1995年には、「バージョン2.0」を発売。ユーザーの閲覧情報などを保存する「クッキー」(HTTP cookie)、画面分割機能の「フレーム」、JavaScriptへの対応など、大幅に機能が強化されました。

*

1996年に発売された「バージョン3.0」では、「Java Script」「Java対応」、「セキュリティ」などの機能を強化。

また、動画や音声、3D画像を表示する「VRML (Virtual Reality Modeling Language)」など、多くの「マルチメディア系プラグインソフト」がバンドルされて販売されました。

図1-1-2　Netscape Navigator日本語版 Ver.3.0

2大ブラウザの戦い

「Netscape Navigator」のシェアは85％を超えるまでに拡大し、独走状態でしたが、それがピークでした。

1995年に発売された「Windows95」は、ブラウザが非搭載だったのですが、マイクロソフトは、「Internet Explorer」(IE)をWindowsに抱き合わせるよう、PCの販売ルートに圧力をかけ、「IE」のシェア拡大を謀りました。

＊

1997年6月には、「バージョン4.0」を発売。安定性が向上し、ブックマーク機能が強化されました。

ネットスケープコミュニケーションズは、1998年1月、「Netscape Navigator」と統合クライアントソフト「Netscape Communicator Standard Edition 4.0」を無償配布することを発表。

ネットスケープ社は、クライアントの無償化を、サーバ製品の販売につなげていく意向を示しました。

1998年に「Windows98」が発売され、マイクロソフトの「IE」がWindo

wsに標準搭載されるようになると、「IE」以外のブラウザをインストールするPCユーザーが減少。

「Netscape Navigator」の無償化は、シェア低下の歯止めにある程度効果はありましたが、「IE」の勢いを止めることはできませんでした。

「Netscape Navigator」は、1998年11月にリリースされた「バージョン4.08」が最終版。「Netscape Communicator」は2002年8月にリリースされた「バージョン4.8」が最終版になりました。

ネットスケープ社は1998年2月、ブラウザ開発をオープンソースに移行させるために「Mozilla Organization」を設立。2003年7月には、「Mozilla Foundation」が設立され、ネットスケープ社とは無関係の団体になりました。

2004年11月、「Mozilla Firefox バージョン1.0」がリリースされ、「IE」に対抗するブラウザとして人気を集めました。

Yahoo!検索

■ 黎明期のディレクトリ型検索

検索エンジンには、
①ロボット型検索エンジン
②ディレクトリ型検索エンジン
③メタ（横断）検索エンジン
などがあります。

インターネット初期の1990年代には、「ディレクトリ型」が主流で、「Yahoo! カテゴリ」はその代表的な検索サービスでした。

著名なWebサイトは、あらかじめ「Yahoo! カテゴリ」に登録されていて、検索できました。

＊

一方、個人が制作したWebサイトなどでは、制作者自身がその内容に適合した「カテゴリ」を選び、「URL」「サイト名」「簡単なサイトの説明」などの情報を手動入力して登録申請していました。

登録が承認されて、「Yahoo!カテゴリ」に自分のWebサイト情報が表示されるのは、1つのステータスになっていました。

その後、「Yahoo!」は「ディレクトリ型」と「ロボット型」を併用する検索サービスに移行。その「ロボット型検索エンジン」には、NTT-X（現NTTレゾナント）が運営する「goo」（グー）が採用されました。

＊

やがて、自動的に世界中のWebサイトをクロール（巡回）する「ロボット型検索」が主流になり、「Yahoo!カテゴリ」はその役目を終えたとして、惜しまれつつも2018年3月に廃止されました。

■「Yahoo!検索」の迷走

「Yahoo!検索」は2000年5月、検索エンジンに「Google」を採用することを発表。

一般に「Google検索」は、「Yahoo!検索」のライバルだと認識されていたので、「Yahoo!」が「Google」採用のニュースに、驚いた人は多かったでしょう。

＊

その後、「米Yahoo!」は、独自の検索エンジン「Yahoo Search Technology（YST）」を開発して採用しました。

ところが、「YST」の開発は打ち切られ、2009年にはマイクロソフトの「Bing」を採用する方針が発表されました。

＊

「Yahoo!Japan」も一時的にその方針に従いましたが、「Google検索」は日本語対応技術の開発が「Bing」よりも進んでいたため、「Yahoo!Japan」は2010年7月、検索エンジンを「Google」に戻すことを発表しました。

「Google」の台頭

「Google検索」は、世界で最も利用されているロボット型検索エンジンです。

Google共同創設者のラリー・ペイジとセルゲイ・ブリンが開発し、1997年に検索サービスが始まりました。

＊

「Google検索」は、検索結果の表示が非常に速かったことから、瞬く間に爆発的に利用者が増えていきました。

「Google検索」の基本は「ページランク」というアルゴリズムが基本にあります。

検索ロボットの巡回時には、特定のキーワードを取得するだけではなく、そのワードの出現頻度の情報も取得します。

さらにキーワードとページの関連性を加味して、ランクを決定します。ページランクが高いほど、検索結果の上位に表示されるようになります。

マイクロソフトの検索エンジン

マイクロソフトは、「Google検索の圧倒的なシェアを尻目にしながらも、粛々と独自の検索エンジンを開発し続けています。

マイクロソフトは「MSN」(The Microsoft Network)という名称でさまざまなインターネットサービスを提供しています。

マイクロソフトは1998年、イギリスのソフト開発企業インクトミ（Inktomi Corporation）の検索エンジンを採用して、「MSN Search」の提供を開始。

2005年には、マイクロソフト独自の検索エンジンに移行しました。

*

2006年9月には、検索エンジンを更新するとともに、名称を「Windows Live Search」に変更して、検索サービスを開始しましたが、翌年には名称を「Live Search」に変更しました。

マイクロソフトは2009年6月、新しい検索サービス「Bing」を開始しました。

2020年6月、「Bing」は新ブランド名「Microsoft Bing」に変更され、ロゴマークもやや丸みを帯びたデザインに変更されました。

図1-1-3　「Bing」の新旧ロゴマーク（左：新　右：旧）

1-2

新しい「Edge」と新しい「Bing」

機能を統合したWebの副操縦士「Copilot」

Microsoftは、AIを搭載した新しい「Bing」と「Edge」を2023年2月7日に発表しました。

生成AIの「ChatGPT」は、テクノロジーの世界を加熱させ、多くの企業や開発者はもちろん、一般ユーザーまでを巻き込んでいます。

新しい「Bing」は、OpenAIの「ChatGPT」や「GPT-4」と、マイクロソフトの「検索インデックス」を組み合わせたモデルを使用。ユーザーの問い合わせに、会話形式で回答できる高度な検索機能を提供しています。

*

ここでは、執筆時点で公表されている現在の「Bing」に搭載されたAI機能や、「Edge」に統合された機能などを解説します。

■森　博之（AZPower（株））

「Artificial Intelligence」から「Generative AI」

最初に、新しい「Bing」に用いられている、「Generative AI」について触れておきたいと思います。

一般的に言われる「AI」(Artificial Intelligence)は、1956年から人間の知能を再現、またはそれを超える知能をもつ機械を作ろうとするコンピュータ・サイエンスの1分野でした。

AI技術が発展し、「機械学習」(Machine Learning)→「Deep Learning」と進化。「ChatGPT」に代表されるような、「Generative AI」(生成AI)へと発展しました。

＊

「Generative AI」(生成AI)とは、「プロンプト」と呼ばれる自然言語を用いた文章や既存データを基に、新しい文章や映像、視聴コンテンツなどを生成するAIを指します。

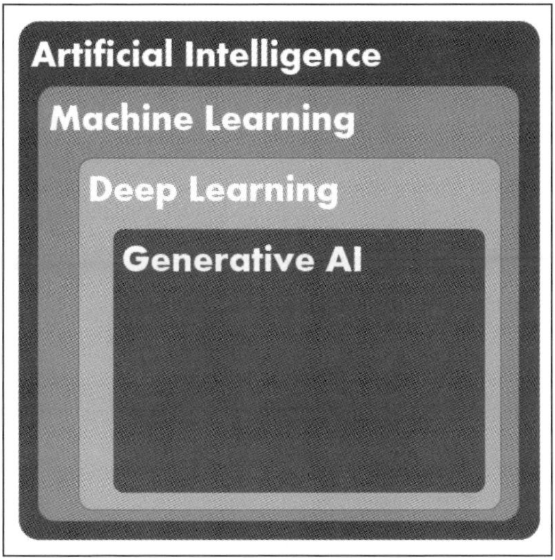

図1-2--1　「AI」から「Generative AI」へ

OpenAIは、「ChatGPT」「GPT-4」「Codex」「DALL-E」などの「Generative AI」のモデルを発表し、プレビューですが、一般にも利用できるようにAPIを公開しています。

＊

「Bing」は、OpenAIが提供する「ChatGPT」より強力で、検索専用にカスタマイズしたOpenAI大規模言語モデル(Large Learning Model,「LLM」と略す)で実行されており、「ChatGPT」や「GPT-4」からさらに学習が行なわれており、高速・正確な結果を得るよう開発されています。

このモデルのことを「Microsoft Prometheusモデル」と呼んでいます。

＊

OpenAIが提供するAPIでは、過去のインターネット上にある情報をベースにモデルが作成されています。

Microsoft Prometheusモデルでは、最新のインターネット情報を元にしたインデックスを使用。そのため、OpenAIが提供するAPIよりも、新しい情報が反映されています。

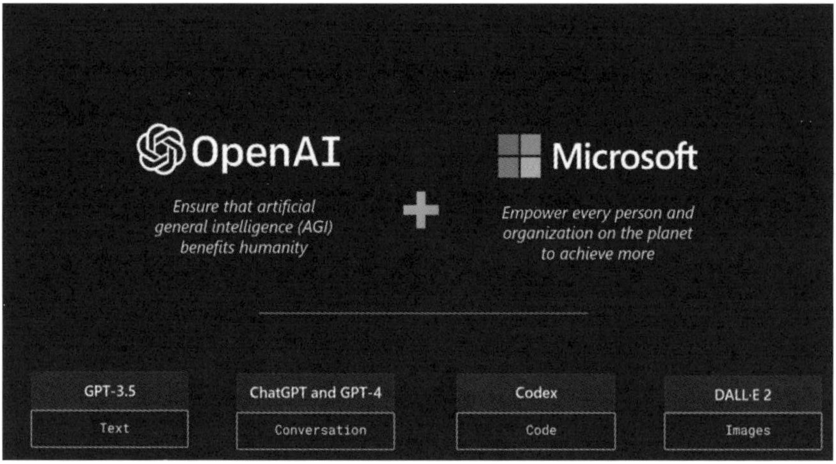

図1-2-2 「OpenAI」と、「Microsoft」が提供する「生成AIモデル」

新しい「Bing」と「Edge」

新しい「Edge」では、2022年11月に発表された「サイドバー」機能に「Bing」を統合し、「検索」「ブラウジング」「チャット」を1つに統合。

Microsoftはこのことを、**「Webの副操縦士」(Copilot)**と表現しています。

＊

「Edge」から「Bing検索」を利用するには、サイドバーにある「Discover（検出）」アイコン（Bingマークのアイコン）をクリックします。

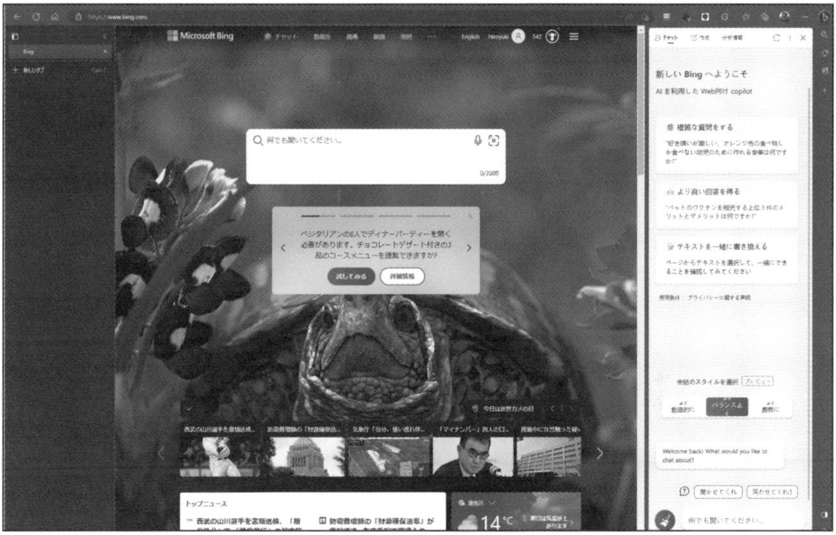

図1-2-3　新しい「Bing」と「Edge」

図1-2-4　Discover（検出）アイコン

Better search

新しい「Bing」や「Edge」は、従来の使い慣れた操作性を改良し、スポーツのスコアや株価や天気からブラウジングしているWebページなどから関連性のある情報を提供。

このため、「サイドバー」から「インサイト」(分析情報)を表示してくるように機能追加されています。

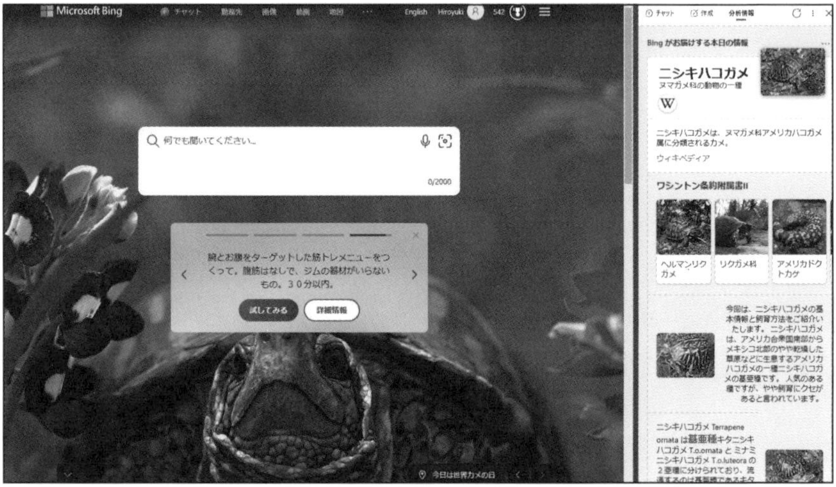

図1-2-5　サイドバーに関連性がある情報が表示される

Complete answers

「Bing」は、Web全体の結果をレビューし、ユーザーが探している情報を見つけ出して要約します。

＊

たとえば、「スフレパンケーキを作る方法」と検索すると、作成に必要な材料や手順について、複数の結果を提案します。

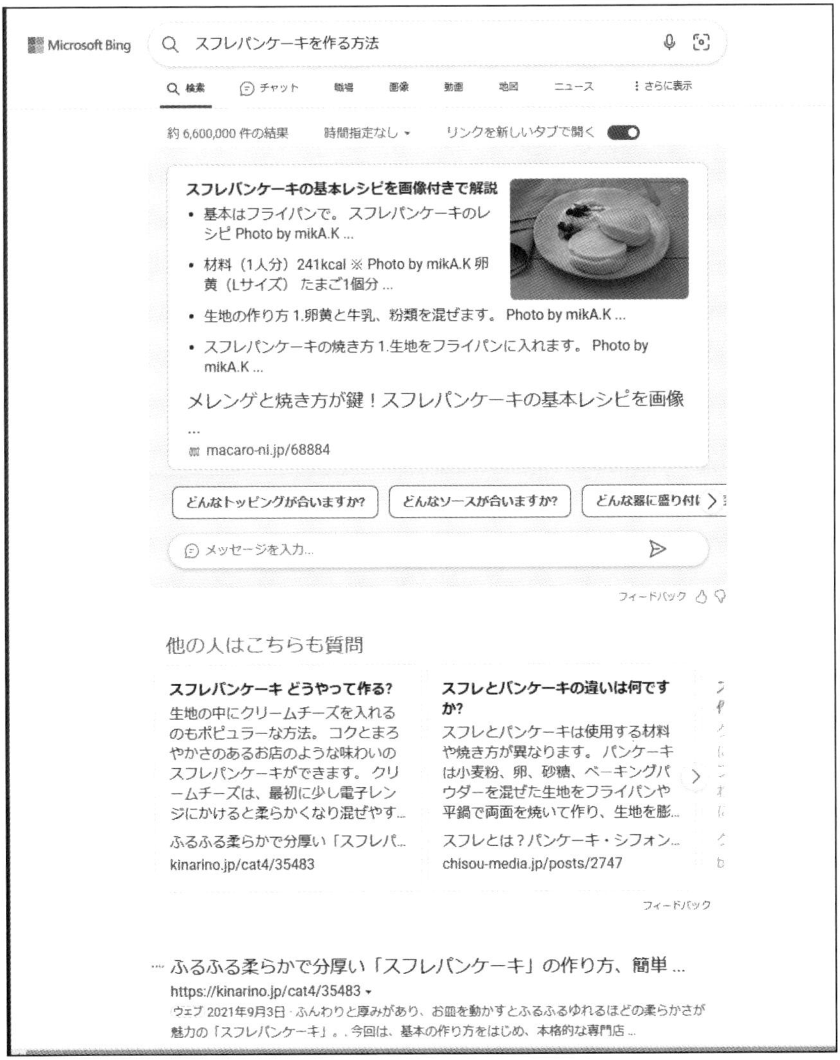
Microsoft Bing
スフレパンケーキを作る方法
検索
チャット
職場
画像
動画
地図
ニュース
さらに表示
約 6,600,000 件の結果
時間指定なし
リンクを新しいタブで開く
スフレパンケーキの基本レシピを画像付きで解説
基本はフライパンで。スフレパンケーキのレシピ Photo by mikA.K ...
材料（1人分）241kcal ※ Photo by mikA.K 卵黄（Lサイズ） たまご1個分 ...
生地の作り方 1.卵黄と牛乳、粉類を混ぜます。 Photo by mikA.K ...
スフレパンケーキの焼き方 1.生地をフライパンに入れます。 Photo by mikA.K ...
メレンゲと焼き方が鍵！スフレパンケーキの基本レシピを画像 ...
macaro-ni.jp/68884
どんなトッピングが合いますか?
どんなソースが合いますか?
どんな器に盛り付け
メッセージを入力...
フィードバック
他の人はこちらも質問
スフレパンケーキ どうやって作る?
生地の中にクリームチーズを入れるのもポピュラーな方法。コクとまろやかさのあるお店のような味わいのスフレパンケーキができます。クリームチーズは、最初に少し電子レンジにかけると柔らかくなり混ぜやす...
ふるふる柔らかで分厚い「スフレパ...
kinarino.jp/cat4/35483
スフレとパンケーキの違いは何ですか?
スフレとパンケーキは使用する材料や焼き方が異なります。パンケーキは小麦粉、卵、砂糖、ベーキングパウダーを混ぜた生地をフライパンや平鍋で両面を焼いて作り、生地を膨...
スフレとは？パンケーキ・シフォン...
chisou-media.jp/posts/2747
フィードバック
ふるふる柔らかで分厚い「スフレパンケーキ」の作り方、簡単 ...
https://kinarino.jp/cat4/35483
ウェブ 2021年9月3日 · ふんわりと厚みがあり、お皿を動かすとふるふるゆれるほどの柔らかさが魅力の「スフレパンケーキ」。今回は、基本の作り方をはじめ、本格的な専門店 ...

図1-2-6　ユーザーが探す回答を提案

A new chat experience.

検索のような、キーワードでまとめることができない複雑な検索を、「対話型チャット」でできます。

チャットでは、複数の質問や情報を提供することで、その文脈からユーザーが必要とする情報を推測し、検索を絞り込むことができます。

また、その結果の判定に利用した、Webサイトのリンクなども提供します。

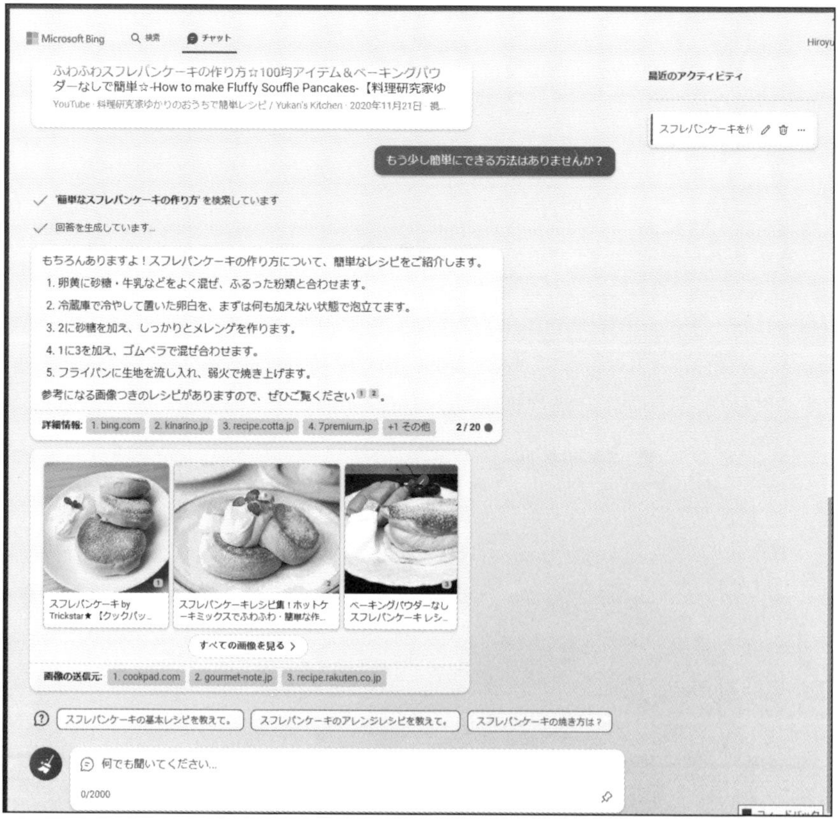
Microsoft Bing
検索
チャット
ふわふわスフレパンケーキの作り方☆100均アイテム&ベーキングパウダーなしで簡単☆-How to make Fluffy Souffle Pancakes-【料理研究家ゆ
最近のアクティビティ
もう少し簡単にできる方法はありませんか？
'簡単なスフレパンケーキの作り方' を検索しています
回答を生成しています...
もちろんありますよ！スフレパンケーキの作り方について、簡単なレシピをご紹介します。
1. 卵黄に砂糖・牛乳などをよく混ぜ、ふるった粉類と合わせます。
2. 冷蔵庫で冷やして置いた卵白を、まずは何も加えない状態で泡立てます。
3. 2に砂糖を加え、しっかりとメレンゲを作ります。
4. 1に3を加え、ゴムベラで混ぜ合わせます。
5. フライパンに生地を流し入れ、弱火で焼き上げます。
参考になる画像つきのレシピがありますので、ぜひご覧ください。
詳細情報: 1. bing.com 2. kinarino.jp 3. recipe.cotta.jp 4. 7premium.jp +1 その他 2/20
すべての画像を見る
画像の送信元: 1. cookpad.com 2. gourmet-note.jp 3. recipe.rakuten.co.jp
スフレパンケーキの基本レシピを教えて。
スフレパンケーキのアレンジレシピを教えて。
スフレパンケーキの焼き方は？
何でも聞いてください...
0/2000

図1-2-7 複数の情報を与えることで、回答の精度の高くする

Bingのチャット機能をサイドバーに統合

「Edgeブラウザ」では、Bingの新しいAI機能を「サイドバー」に組み込みました。

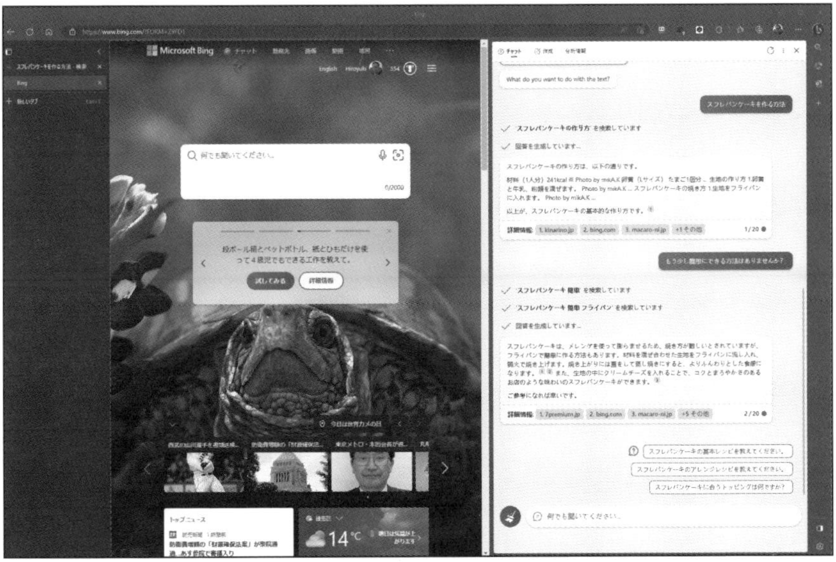
Microsoft Bing
スフレパンケーキを作る方法
14℃

図1-2-8　サイドバーに表示されるBing

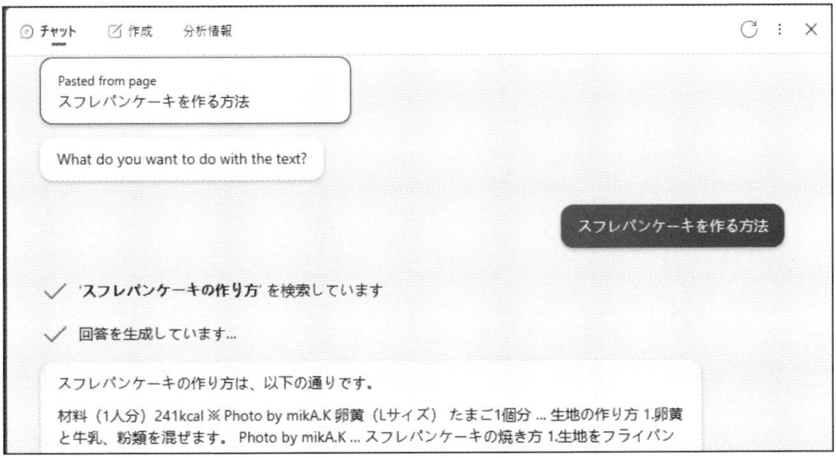
チャット
作成
分析情報
Pasted from page
スフレパンケーキを作る方法
What do you want to do with the text?
スフレパンケーキを作る方法
'スフレパンケーキの作り方' を検索しています
回答を生成しています...
スフレパンケーキの作り方は、以下の通りです。
材料（1人分）241kcal ※ Photo by mikA.K 卵黄（Lサイズ） たまご1個分 ... 生地の作り方 1.卵黄と牛乳、粉類を混ぜます。 Photo by mikA.K ... スフレパンケーキの焼き方 1.生地をフライパン

図1-2-9　サイドバーのBing機能（拡大）

「Bing」では、「ChatGPT」と同様の方法で操作できますが、さらに回答内容を「より創造的に」「よりバランスよく」「より厳密に」となるよう、3つのオプションから選択できます。

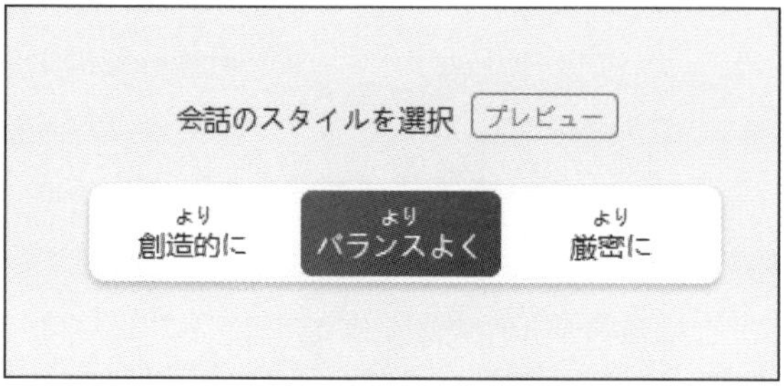

図1-2-10　チャットのオプション

サイドバーには「チャット」のほかにも、文章作成などが行なえる「作成」、表示中のWebサイトに関連する情報を表示する「分析情報（Insights）」があります。

画像の生成を行なう

「Bing」のもつもう一つのAI機能として、「Bing Image Creator」（日本語版では、「画像作成者」）があります。

この機能は、OpenAIが提供する「DALL-E2モデル」を使ったものです。

＊

オプションを有効にすることで、サイドバーから利用できるようになっています。

図1-2-11　Microsoft Bing 画像作成者

《Microsoft Bing 画像作成者》

https://www.bing.com/images/create?form=FLPGEN

サンプルは、「Bing」にある「画像作成者」から、「コンピュータ雑誌I/Oをイメージした画像」と指定して作成しました。

指定して数秒後、以下のような画像が提案されました。

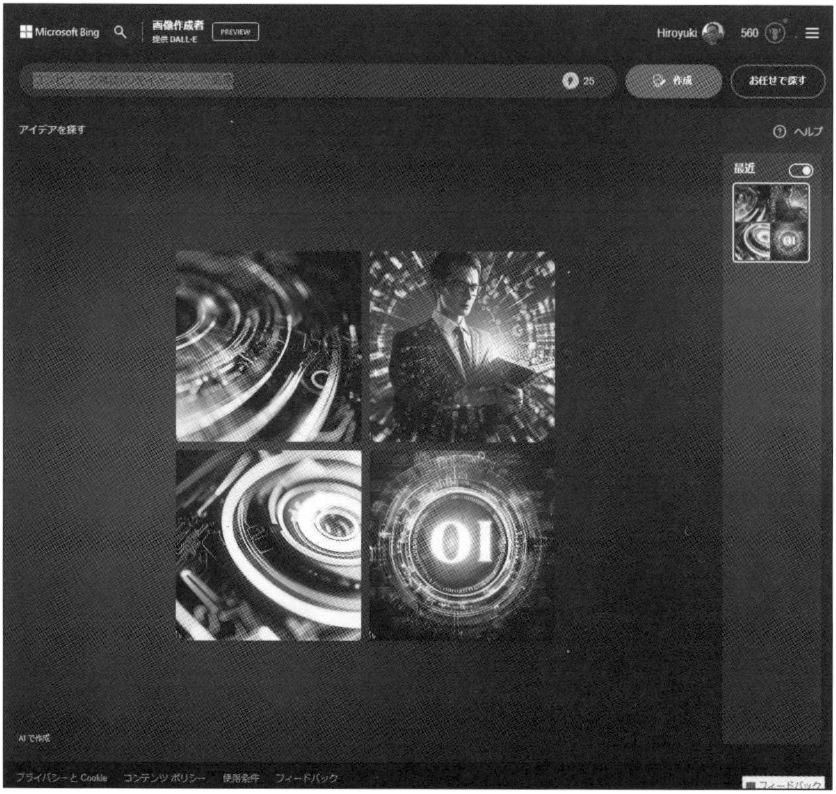

図1-2-12 生成された画像

文章作成をサポートする「生成」

「Bing」のAI機能を用いた文章作成では、執筆分野に関する情報を自然言語で指示すると、与えられた情報から文章生成を行ないます。

「執筆分野」に必要な情報を与えると、その情報からインターネット上の情報を検索し、文章を生成します。

さらに「トーン」「形式」「長さ」などのパラメータをカスタマイズすると、指定された形式で文章を生成します。

＊

図1-2-13では、「Microsoft Edge」に関するブログ記事の執筆を行なうよう指示してみます。

「工学社のI/Oとはどのような雑誌か」 トーン： 「熱狂的」 形式： 「段落」 長さ： 「短い」

指定した情報によって、生成時間が異なりますが、こちらの文章はおよそ2分程度で行なわれました。

チャット
作成
分析情報
執筆分野
工学社のI/Oとはどのような雑誌か
17/2000
トーン
プロフェッショナル
カジュアル
熱狂的
ニュース
面白い
形式
段落
メール
ブログの投稿
アイデア
長さ
短い
中
長い
下書きの生成
プレビュー
工学社のI/Oとは、コンピュータやソフトウェアに関する最新の情報や技術を紹介する月刊誌です。読者はプログラマーやエンジニア、学生など、コンピューティングに興味のある人々です。I/Oは、インタビューや特集記事、レビューやコラムなど、多彩なコンテンツで読者の知識やスキルを向上させることを目指しています。
文章をもっと短くする
雑誌の特徴をもっと強調する
読者のメリットをもっと具体的にする
Replace

図1-2-13　文章生成を行う「生成」

パラメータは、以下のように指定しました。

執筆分野：
「生成で作成した文章」
工学社のI/Oとは、コンピュータやソフトウェアに関する最新の情報や技術を紹介する月刊誌です。読者はプログラマーやエンジニア、学生など、コンピューティングに興味のある人々です。I/Oは、インタビューや特集記事、レビューやコラムなど、多彩なコンテンツで読者の知識やスキルを向上させることを目指しています。

サイトの関連情報などを表示
「分析情報」

サイドバーに、「Bing」の「分析情報」を表示しながらWebブラウジングを行なうと、表示中の情報に関連する情報を表示します。

図1-2-14　分析情報

「分析情報」では、サイトに関連する「キーフレーズ」「関連キーワード」「サイトについて」「サイトの評価」、サイトに関するランキング、トラフィック情報やどの地域からアクセスされているかなど、インターネットから取得できる情報から関連情報を表示。

Microsoftの責任あるAIの原則

MicrosoftではOpenAIと協力して、有害なコンテンツからのユーザーを守るため、安全策の実装にも積極的に取り組んでいるとのこと。

ここでは、「公平性」「信頼性と安全性」「プライバシーとセキュリティ」「包括性」「透明性」「説明責任」の6つの原則を挙げています。

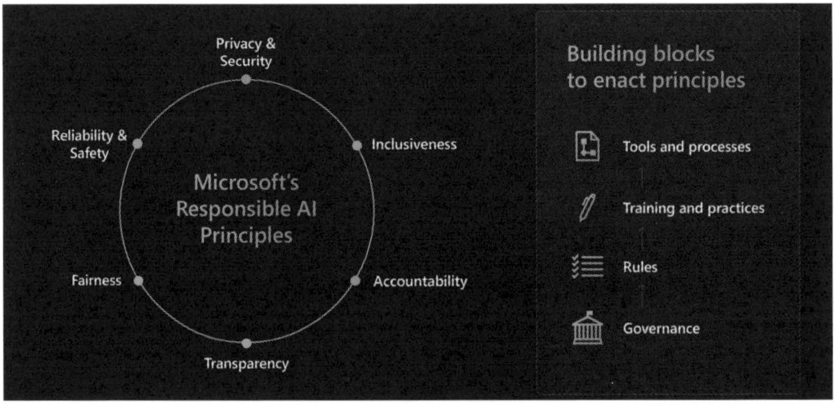

図1-2-15　責任あるAIの原則

《責任あるAIの原則》

https://www.microsoft.com/en-us/ai/our-approach?activetab=pivot1:primaryr5

AI機能以外にも

「サイドバー」は、「Edge」の機能を拡張するためのツールやWebページなどを配置可能です。

サイドバーにある「+」をクリックすると、サイドバーの領域に「サイドバーをカスタマイズする」が表示されます。

サイドバーのカスタマイズをすることで、「Microsoft 365」や「Outlook」、「Skype」などをサイドバーに統合できるようになります。

よく利用するWebページを指定する場合にも利用できます。

＊

「Edge」では、レンダリング・エンジンに「Chromium」を採用しており、レンダリング性能は、「Google Chrome」とほぼ互角となっている今、ブラウザの差別化要素として、AIチャットによる検索機能は非常に強力です。

図1-2-16　サイドバーをカスタマイズ

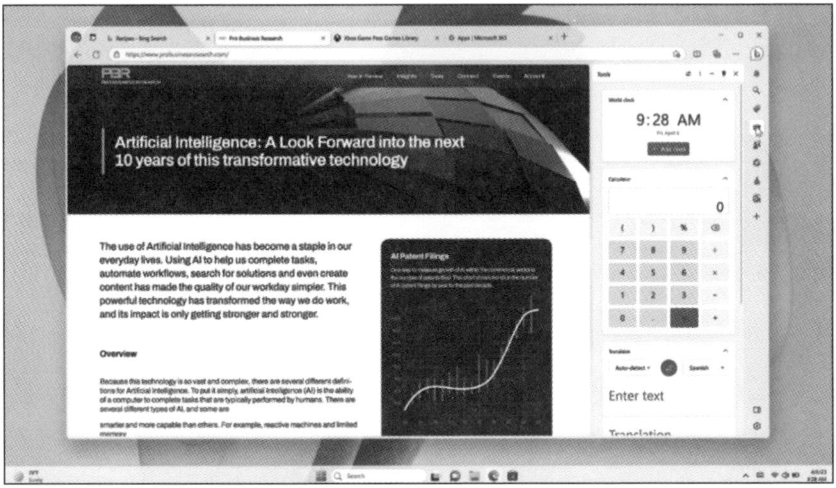

図1-2-17 カスタマイズされたサイドバー

AI プラグイン

OpenAIの「ChatGPT」は、非常に高い性能ではあるものの、学習時の情報がベースとなっているため、最新の情報は「Bing」などが提供するインデックス情報に依存するという弱点があります。

そこで、OpenAIは「ChatGPT」に機能追加するプラグインの規格を発表しています。

《ChatGPT plugins》

https://openai.com/blog/chatgpt-plugins

今後、Microsoftの「Bing」、「Edge」「Dynamics365 Copilot」「Microsoft365 Copilot」といったサービスすべてに、このオープンな規格で作成されたプラグインが利用可能になります。

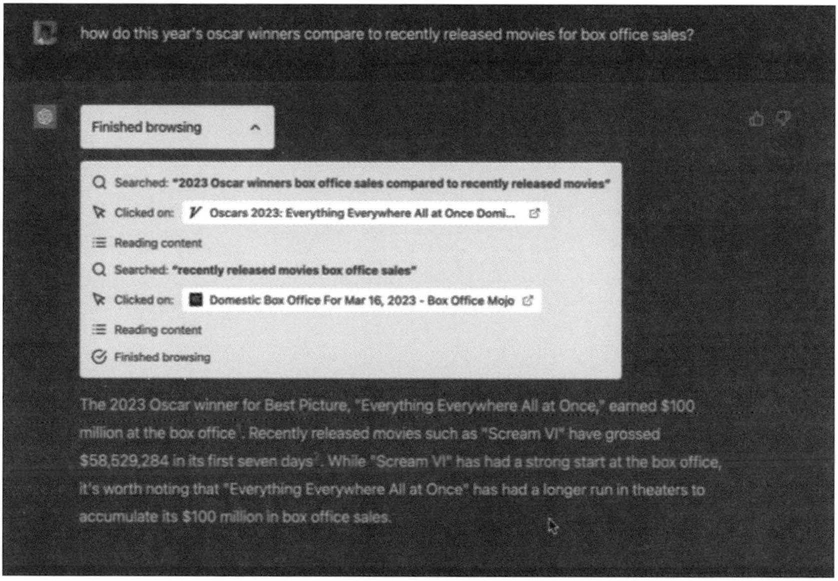
how do this year's oscar winners compare to recently released movies for box office sales?
Finished browsing
Searched: "2023 Oscar winners box office sales compared to recently released movies"
Clicked on: Oscars 2023: Everything Everywhere All at Once Domi...
Reading content
Searched: "recently released movies box office sales"
Clicked on: Domestic Box Office For Mar 16, 2023 - Box Office Mojo
Reading content
Finished browsing
The 2023 Oscar winner for Best Picture, "Everything Everywhere All at Once," earned $100 million at the box office. Recently released movies such as "Scream VI" have grossed $58,529,284 in its first seven days. While "Scream VI" has had a strong start at the box office, it's worth noting that "Everything Everywhere All at Once" has had a longer run in theaters to accumulate its $100 million in box office sales.

図1-2-18　「ChatGPTプラグイン」を実行

このプラグインを利用することで、特定の機能を追加したり、特定企業しかもたない情報と組み合わせた結果が得たりすることが可能になり、回答のバリエーションや精度の向上が見込めます。

＊

さらなる「Edge」の発展に期待したいところです。

1-3

すり込まれた“ググる”で圧倒する「Google」

「Google アカウント」による囲い込み戦略

インターネットにおける「ブラウザ」や「検索エンジン」の分野で、圧倒的なシェアを誇る「Google」。

ここでは、「Chromeブラウザ」と「Google検索」について、最新情報をふまえて解説します。

■勝田有一朗

圧倒的に強い、「Chrome」と「Google検索」

■ すり込まれた“ググる”のイメージ

2023年春の時点で、全世界の「ブラウザ」「検索エンジン」シェアトップを走っているのが、「Chromeブラウザ」と「Google検索」です。

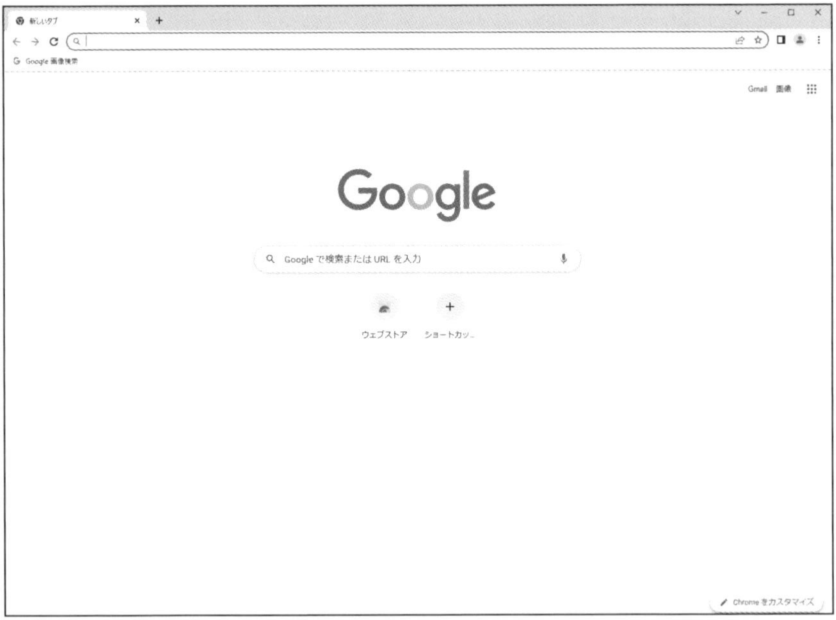

図1-3-1　「Chromeブラウザ」と「Google検索」。見た目は非常にシンプル

図1-3-2　セキュリティの設定

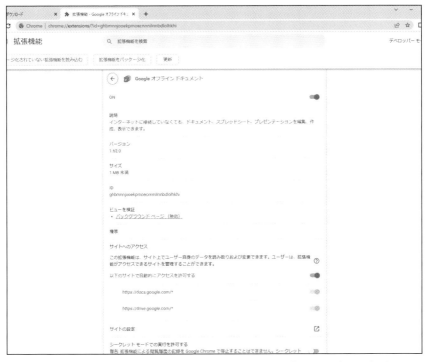

図1-3-3　さまざまな機能を付加する「拡張機能」が豊富なのも「Chromeブラウザ」の特徴

「Google検索」は、1997年に誕生し「ロボット型検索エンジン」の先駆けとして浸透していきました。

2000年には日本国内でもサービスを開始し、検索する行為を、“ググる”と称してしまうほど、世間一般に受け入れられていきます。

＊

そんなGoogleが開発したブラウザとして「Chrome」がリリースされたのは、2008年のことです。

数あるブラウザの中でも後発になるとは思うのですが、当時としてはシンプルで軽快なユーザー・インターフェイスや、あの“ググる”でお馴染みのGoogleからリリースされたブラウザということで、着実にシェアを伸ばしていきます。

先だって2004年にリリースされていた「Gmail」の存在も大きかったでしょう。

2012年にはAndroidスマホ向けの「Chrome」がリリースされ、さらにシェアを拡大していくことになります。

＊

こうして、“ググる”というブランドを確固たるものとしたGoogleが、インターネットで圧倒的なシェアをもっているのが現状です。

■「Googleアカウント」による囲い込み

2000年代ころまで、ブラウザは単純にWebページを軽快、かつ正確に表示するのがいちばんの仕事でした。

現在もその基本部分に変わりはないものの、より便利に使おうと思うのであれば「アカウント作成」が必須で、スマホとの連携や共有、さまざまなサービスを横断して利用する際の、フロントエンドとしての役割りに重きを置くようにもなってきました。

＊

一度アカウントで管理し始めると、ますますそのブラウザからは離れられなくなります。

Googleも多くのユーザーを引き付けるためにさまざまな便利なサービスを展開し、「Googleアカウント」を使って一元管理させることで、ユーザーがGoogleから離れられないようにする、“囲い込み戦略”に余念がありません。

＊

「Gmail」「Googleカレンダー」「Googleマップ」「パスワードマネージャー」…その他もろもろ、“Googleアカウントが無ければもう生きていけない”と頼り切っている人も少なくないのではないでしょうか。

＊

Googleが提供している代表的なサービスは、次のとおりです。

[Gmail]
フリーメールサービス。

[Googleカレンダー]
スケジュール管理サービス。

[Googleマップ]
地図検索、ルート案内、クチコミなど、多機能マップサービス。

[Googleドライブ]
無料でも「15GB」まで使えるクラウドストレージ。

[Googleフォト]
写真用のクラウドストレージ。ストレージ容量は「Googleドライブ」と共用。

[Google Earth]
地上の3Dマップ閲覧サービス。

[Youtube]
世界最大級の動画配信サイト。

[ドキュメント/スプレッドシート]
無料で利用できるオンラインのオフィスツール。

図1-3-4 「Chrome」からさまざまな便利サービスへ直接アクセスできる

この他にもまだまだサービス展開していますが、これだけのサービスを1つの「Googleアカウント」で利用できるのが、Googleの最大の強みと言えるでしょう。

■ Androidスマホ標準搭載の強み

「Googleアカウント」による囲い込みにも通じるのですが、「Androidスマホ」の存在は、やはり大きな強みです。

Androidスマホを購入した時点で「Googleアカウント」の登録は必須で、必然的にそのままGoogleのサービスをいろいろと利用することになるからです。

現在のところ、このモバイルプラットフォームの有無の差がかなり大きく、Microsoftの「Edge」と「Bing」に対して、大きなアドバンテージを有している状態です。

今後、この状況がどう動くのかは、しっかりと見続けていく必要があるでしょう。

■ シェアを伸ばせるか「ChromeOS」

Googleのプラットフォームと言えば、もうひとつ「ChromeOS」があります。

「タブレットPC」や「2-in-1ノートPC」を主体とする、「Chromebook」に搭載されているOSで、教育現場を中心にじわじわとシェアを伸ばしています。

＊

「ChromeOS」はGoogleサービスを利用するための端末とも言え、OSに「Chrome」が組み込まれています。

図1-3-5　「ASUS Chromebook CX34 Flip (CX3401)」(ASUS)
「Intel Coreシリーズ」を搭載する高性能「Chromebook」

また、一般的なPCやMacにインストール可能な「ChromeOS Flex」も正式リリースされ、古いPCの再生に使うOSとしても、「ChromeOS」が注目を集めています。

*

「Windows10」のサポート終了で、相当量のPCがサポートなし状態に陥ってしまいますが、そのときの受け皿として「ChromeOS Flex」が機能すれば、「ChromeOS」のシェアもかなり伸びるのではないかと期待しています。

「Chrome」の注目点

■ メモリセーバを使いこなそう

現在「Chrome」のバージョンは「110」を超え(2023年5月時点でバージョン113)、これまでにさまざまな機能が追加されてきました。

とは言っても、ユーザー目線ですぐに分かるような変更点がそう頻繁にあるわけでもないのですが、ユーザーの使い勝手に関係のありそうな直近のアップデートとして、「メモリセーバ」の追加がありました。

*

「メモリセーバ」は、しばらくアクティブになっていないタブをメモリから解放することで、巨大になりがちな「Chrome」のメモリ使用量を抑えてくれるというものです。

*

現在の「Chrome」は最初から「メモリセーバ」が有効になっているので、特に設定をいじる必要もありませんが、設定変更は「Chrome」の「設定」内にある「パフォーマンス」から行ないます。

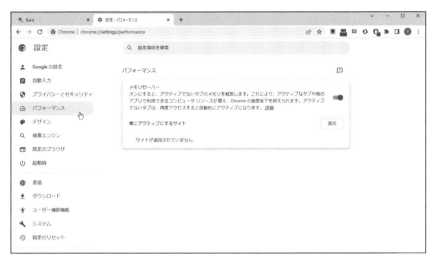

図1-3-6　「設定」→「パフォーマンス」で「メモリセーバ」の設定ができる

＊

「メモリセーバ」のデメリットとして、メモリ解放されたタブを再び開くときに、Webサイトのリロードが発生することが挙げられます。

読み込みに多少時間がかかるほか、Webサイトの設計によっては、意図しない動きになることもあります。

＊

なんらかの問題が発生した場合は、先の「メモリセーバ」設定ページにあった、「常にアクティブにするサイト」に、対象のWebサイトを登録するようにしましょう。

「Google検索」の注目点

■「画像」＋「キーワード」のマルチ検索

「Google検索」の機能で、2023年に追加された比較的新しい機能のひとつに、「マルチ検索」が挙げられます。

これは、「画像」と「キーワード」を同時に指定して行なう検索で、画像に映っているオブジェクトとはちょっと違うモノを探したいときに、キーワードを追加指定して検索できるようになりました。
　使用ツールはスマホアプリの「Googleレンズ」で、カメラで撮った画像かストレージ内の画像を用いて、画像検索できるアプリです。

　画像検索を行なった後に、「検索に追加」と記された「テキスト・ボックス」にキーワードを入力すると、画像とキーワードによる画像検索が行なわれます。

　ちょっとデザインが違う服を探したい場合などに、役立ちそうです。

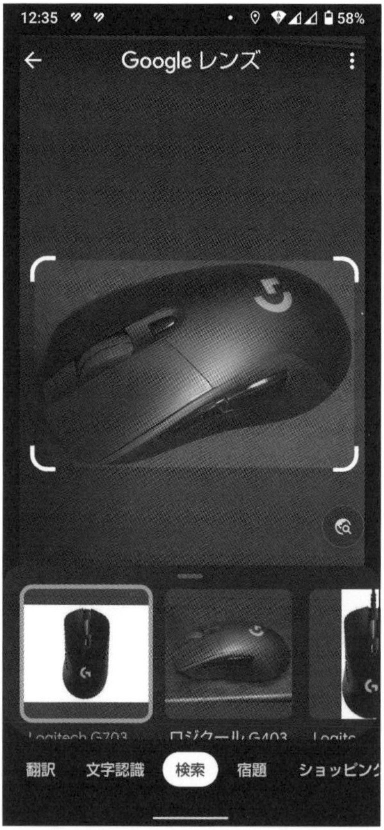

図1-3-7　画像検索を行なえる「Googleレンズ」

図1-3-8　画面上部の「検索に追加」へキーワード入力

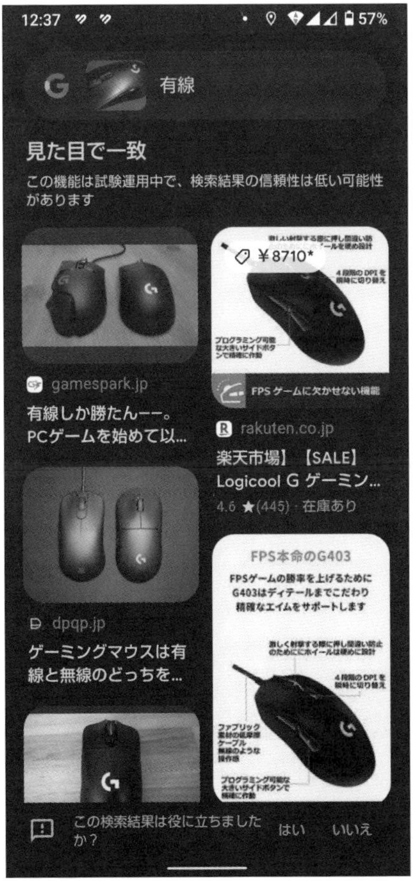

図1-3-9　「有線」と入力。画像とキーワードを反映した検索結果が出てくる

■ 検索アルゴリズムは、定期的にアップデートされている

「Google検索」の検索結果について、“あまり役立たないWebサイトが検索上位に来る”“公式サイトよりもまとめサイトが検索上位にくる”といった不満を聞くことが少なくありません。

＊

「Google検索」のような「ロボット型検索エンジン」では、検索アルゴリズムやWebサイトの「SEO対策」(Search Engine Optimization)などによって、表示順位はコロコロと変わってしまいます。

世の中のWebサイトは増えていく一方なので、本当にほしい情報に突き当たる確率も、相対的に減ってきているのが現状です。

＊

とは言えGoogle側も手をこまねいているわけではなく、検索品質の向上のため年に数回の頻度で、検索エンジンの大幅なアップデート（コアアップデート）を実施しています。

直近では2023年3月にコアアップデートが実施されました。

コアアップデートにより検索結果の表示順位が大幅に入れ替わることもあるので、Webサイトを運営している立場の人であれば、「Google検索」のアップデート情報はキッチリとアンテナに捉えておく必要があるでしょう。

Google製チャットAI「Bard」

■「ChatGPT」のライバル？

OpenAIが開発を進める「ChatGPT」によって、自然言語を用いるチャットAIへの注目が急激に高まってきています。

AI分野の巨人の1人であるGoogleも、同様のチャットAI「Bard」を開発しており、2023年3月21日より試験公開がはじまりました。

「Bard」は「Googleアカウント」をもっていれば誰でも試すことができます。

「Bard」のWebサイト（https://bard.google.com/）に接続しログインすれば、すぐに「Bard」を利用可能です。

また、現在のところ、利用料金は無料です。

■ さっそく日本語対応に！

「Bard」は、3月に米英2か国で試験運用が開始されましたが、早くも5月11日より日本語での利用が可能となっています。

まだ少し触ってみただけですが、かなり自然で、流暢な日本語を生成してくれるようです。

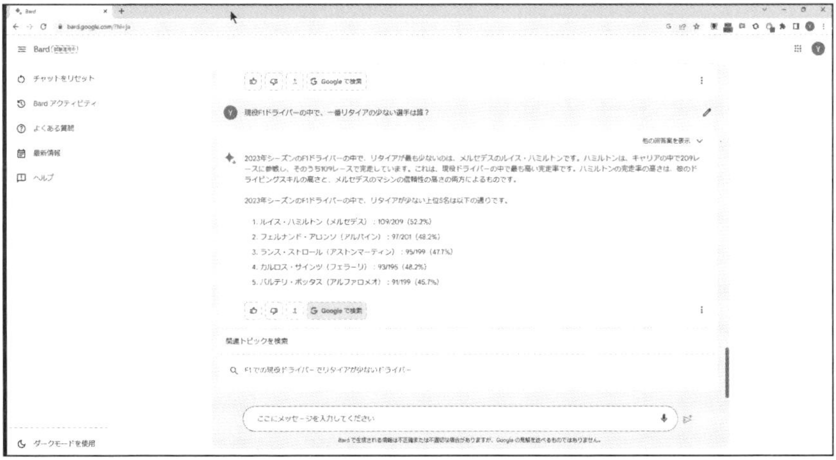
Bard
bard.google.com/?hl=ja
Bard
チャットをリセット
Bard アクティビティ
よくある質問
最新情報
ヘルプ
ダークモードを使用
Google で検索
現役F1ドライバーの中で、一番リタイアの少ない選手は誰？
他の回答案を表示
2023年シーズンのF1ドライバーの中で、リタイアが最も少ないのは、メルセデスのルイス・ハミルトンです。ハミルトンは、キャリアの中で209レースに参戦し、そのうち109レースで完走しています。これは、現役ドライバーの中で最も高い完走率です。ハミルトンの完走率の高さは、彼のドライビングスキルの高さと、メルセデスのマシンの信頼性の高さの両方によるものです。
2023年シーズンのF1ドライバーの中で、リタイアが少ない上位5名は以下の通りです。
1. ルイス・ハミルトン（メルセデス）：109/209（52.2%）
2. フェルナンド・アロンソ（アルパイン）：97/201（48.2%）
3. ランス・ストロール（アストンマーティン）：95/199（47.7%）
4. カルロス・サインツ（フェラーリ）：93/195（48.2%）
5. バルテリ・ボッタス（アルファロメオ）：91/199（45.7%）
Google で検索
関連トピックを検索
F1での現役ドライバーでリタイアが少ないドライバー
ここにメッセージを入力してください

図1-3-10　早くも日本語対応!コアな質問にも細かく答えてくれるが、回答を鵜呑みにできない危険性も孕んでいる。

■ 比較的新しい情報をもっている

「Bard」はリアルタイムの最新情報をもっているわけではないものの、1〜2日前までの情報であれば、時事ネタにも対応可能なようです。

現在無料で利用できる「ChatGPT-3.5」は、もっている情報がかなり古く、「GPT-4」をベースにした「Bing」も少し情報が古そうなので、「Bard」に大きなアドバンテージがありそうです。

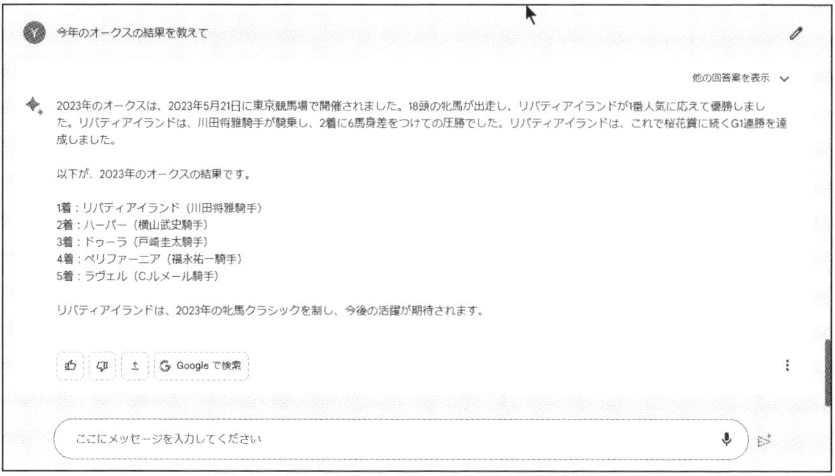
今年のオークスの結果を教えて
他の回答案を表示
2023年のオークスは、2023年5月21日に東京競馬場で開催されました。18頭の牝馬が出走し、リバティアイランドが1番人気に応えて優勝しました。リバティアイランドは、川田将雅騎手が騎乗し、2着に6馬身差をつけての圧勝でした。リバティアイランドは、これで桜花賞に続くG1連勝を達成しました。
以下が、2023年のオークスの結果です。
1着：リバティアイランド（川田将雅騎手）
2着：ハーパー（横山武史騎手）
3着：ドゥーラ（戸崎圭太騎手）
4着：ペリファーニア（福永祐一騎手）
5着：ラヴェル（C.ルメール騎手）
リバティアイランドは、2023年の牝馬クラシックを制し、今後の活躍が期待されます。
Google で検索
ここにメッセージを入力してください

図1-3-11　5/21開催の競馬「オークス」の結果を5/23に尋ねた
「Bard」はかなり詳しい回答をもらえた

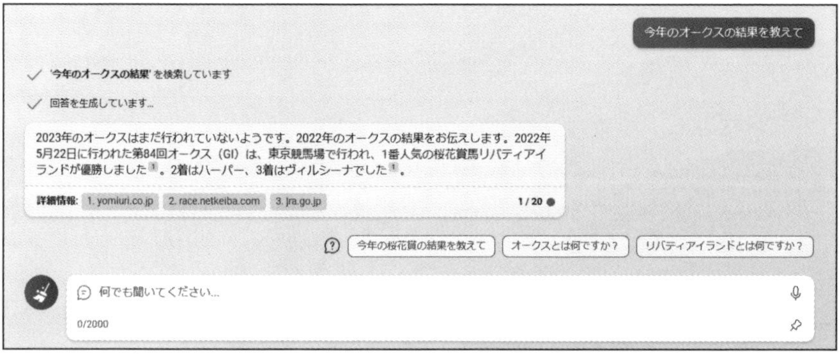
今年のオークスの結果を教えて
'今年のオークスの結果' を検索しています
回答を生成しています...
2023年のオークスはまだ行われていないようです。2022年のオークスの結果をお伝えします。2022年5月22日に行われた第84回オークス（GI）は、東京競馬場で行われ、1番人気の桜花賞馬リバティアイランドが優勝しました。2着はハーパー、3着はヴィルシーナでした。
詳細情報: 1. yomiuri.co.jp 2. race.netkeiba.com 3. jra.go.jp
1 / 20
今年の桜花賞の結果を教えて
オークスとは何ですか？
リバティアイランドとは何ですか？
何でも聞いてください...
0/2000

図1-3-12　同様の質問を「Bing」にすると、まだ今年のデータは入っていないようだ

■ 複数の回答を用意してくれる

「Bard」は質問の回答を複数用意してくれ、回答を切り替えて見比べられるのが大きなメリットの1つです。

簡潔な答のみを記した回答や、より詳しい情報を併記した回答などを用意。

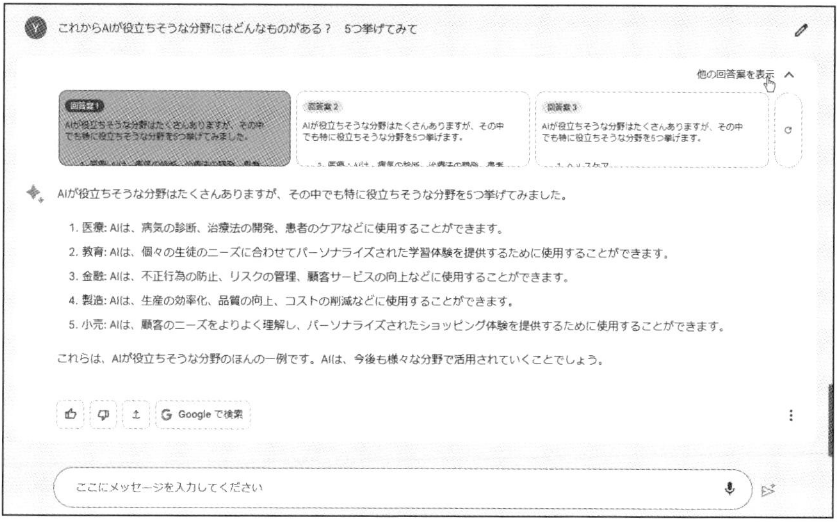
これからAIが役立ちそうな分野にはどんなものがある？ 5つ挙げてみて
他の回答案を表示
回答案1
AIが役立ちそうな分野はたくさんありますが、その中でも特に役立ちそうな分野を5つ挙げてみました。
回答案2
AIが役立ちそうな分野はたくさんありますが、その中でも特に役立ちそうな分野を5つ挙げます。
回答案3
AIが役立ちそうな分野はたくさんありますが、その中でも特に役立ちそうな分野を5つ挙げます。
AIが役立ちそうな分野はたくさんありますが、その中でも特に役立ちそうな分野を5つ挙げてみました。
1. 医療: AIは、病気の診断、治療法の開発、患者のケアなどに使用することができます。
2. 教育: AIは、個々の生徒のニーズに合わせてパーソナライズされた学習体験を提供するために使用することができます。
3. 金融: AIは、不正行為の防止、リスクの管理、顧客サービスの向上などに使用することができます。
4. 製造: AIは、生産の効率化、品質の向上、コストの削減などに使用することができます。
5. 小売: AIは、顧客のニーズをよりよく理解し、パーソナライズされたショッピング体験を提供するために使用することができます。
これらは、AIが役立ちそうな分野のほんの一例です。AIは、今後も様々な分野で活用されていくことでしょう。
Google で検索
ここにメッセージを入力してください

図1-3-13　回答案を3つ用意してくれる
それぞれで、回答のボリュームなどに差がある。

■ 現時点でかなり完成度も高いように感じる

「チャットAI」というと、「ChatGPT」一色な昨今ですが、なかなかどうして、「Bard」もかなり優秀なチャットAIと見受けました。

今のところ弱点を挙げるとするならば、回答内容のソース元を提示してくれるケースが少ないという点でしょうか。

回答内容の真偽を判断するのが少し手間になるので、このあたりは改良を望みたいです。

1-4

その他の「ブラウザ」や「検索エンジン」

一強のブラウザの陰には、いくつかの秀逸なブラウザが存在する

ここでは、その他の「ブラウザ」や「検索エンジン」について紹介します。

■ぼうきち

Safari

「Safari」は、「iPhone」と「iPad」に搭載されている「iOS」と、Macに搭載されている「macOS」の、「標準ブラウザ」です。

*

ブラウザとしての「Safari」は、「インタラクティブなWeb環境」の象徴的な存在で、「iPhone」にも搭載されています。

iPhoneは、2007年の発売当初から「Safari」を搭載することで、「Web 2.0」に対応していました。

「Safari」の「Windows版」も過去には存在していましたが、2012年5月にリリースされた「Safari 5.1.7」をもって、開発が停止されています。

*

「Safari」の「HTMLレンダリング・エンジン」は、「WebKit」ですが、iOSではブラウザ開発には「WebKit」を使わなければいけないという開発上の制限があり、「Safari」以外のブラウザであっても、「WebKit」を使っています。

ブラウザのエンジンを「WebKit」に統一するメリットは、システム更新によって常にアップデートが提供されるため、安全性が高いところでしょうか。

*

一方で、より高性能なブラウザを開発する競争が阻害されてしまう懸

念もあります。

　また、「WebKit」を使っていることが、必ずしも安全とは言い切れません。
　ユーザーのキー入力を取得する、“キーロガー”のような挙動をするアプリが、見つかっています。

　iOS向けアプリに内蔵されているブラウザは、スクリプトをアプリが付け加えることができますが、その機能を利用して、キーを取得しています。

＊

　このようなアプリは、ただちに悪意ある挙動をしているわけではありませんが、iOSであっても、ユーザーの注意は必要です。

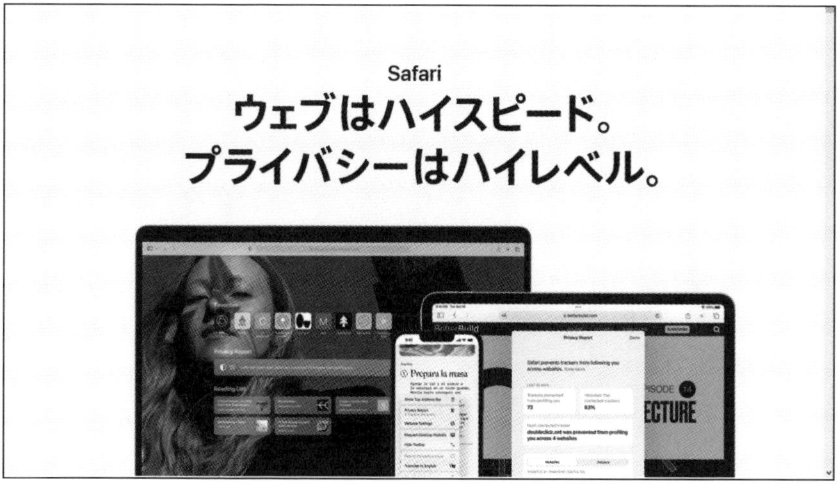
Safari
ウェブはハイスピード。
プライバシーはハイレベル。

図1-4-1　「Safari」はモバイルで強力なWebブラウザ

Firefox

「Firefox」は、「Mozilla」が開発する「Netscape Navigator」の後続のブラウザであり、「モダン・ブラウザ」の一つです。

「Firefox」は、OSや各サービスから独立している、純粋なブラウザの一つです。

また、独自の「Quantum」というエンジンを搭載した、数少ない「非Chromium系」のブラウザで、Web標準を守る存在になっています。

＊

「Firefox」の開発元である「Mozilla」は、Web開発に大きな影響を与えています。

一つは、「MDN」(Mozilla Developer Network)というサイトを運営していて、Web開発の際の大きな参照元になっていることです。

また、高機能化するWeb開発に欠かせない「開発ツール」は、現在では内蔵されていますが、初期のころは「Firefox」に「Firebug」という拡張を追加するという方法が主要な選択肢でした。

また、「Firefox」に関連するプロジェクトとして、「Rust」という安全なコードと高速性を両立できる言語で、これもMozillaから生まれたプロジェクトです。

図1-4-2 「Firefox」は「Web標準」を守るブラウザ

図1-4-3 高度なWeb開発には必須の「開発ツール」

Opera

「Opera」は歴史あるブラウザの一つで、携帯ゲーム機にも移植されたことがあるマルチプラットフォームのブラウザです。

以前は、「Presto」という名前の独自のエンジンを使っていましたが、2013年の「Opera Next 15」から、「Chromium」をベースにしています。

*

「Opera」は、PDF保存「Pinboard」などの特徴的な機能があります。

「Windows版Opera」の「PDF保存」は、ページを区切らず、縦長にPDF化できます。

「iOS」も同様に、縦長での出力が可能ですが、Windowsでは珍しい機能です。

「Windows」では、「PDF化」する方法に、「印刷機能を経由してファイル化する方法」がありますが、この方法ではページが区切られ、表示とは異なるレイアウトで保存されてしまいます。

＊

「Pinboard」は、Operaが提供するpinboardのサイトの「ローカルデータ」として、(a)「ブラウザ上で選択したテキスト」や、(b)「Web上の「画像やスクリーンショットを貼り付けて保存」できる機能です。

同名のサイトがありますが、それとは異なるサービスのようです。

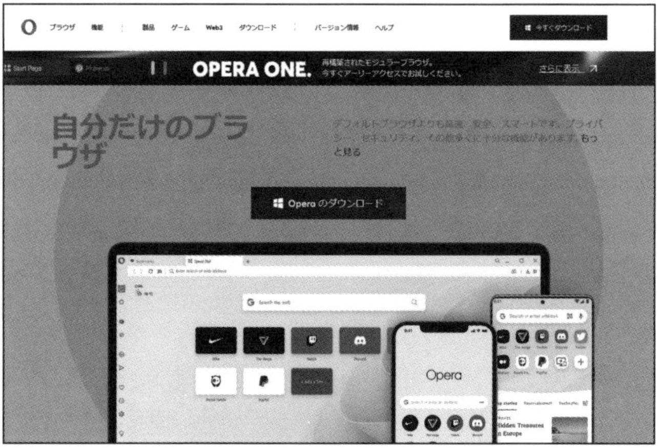

図1-4-4 Operaはモダンな機能を取り込んだブラウザ

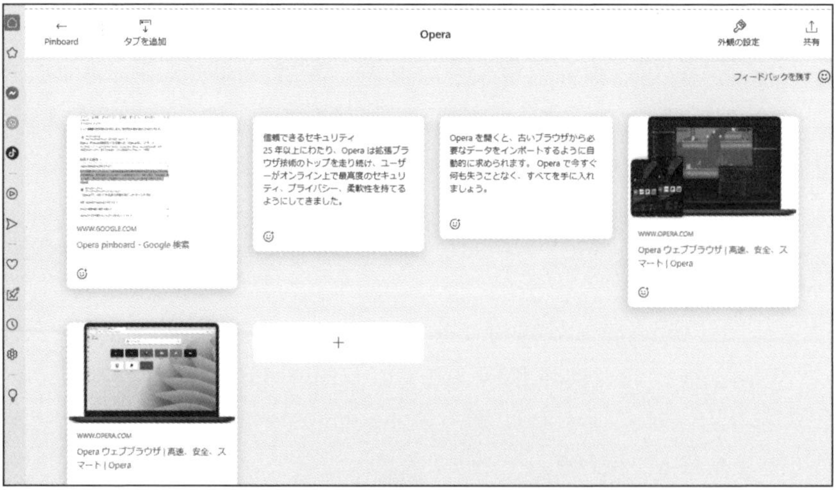

図1-4-5 Pinboardは画像やテキストを並べられる

Brave

「Brave」は、Brave Software社が開発している「Chromium」をベースとしたウェブブラウザです。

「広告」と「トラッカー」をブロックする機能を標準で備えています。

広告をブロックした効果は、開始ページで数値として確認できます。

＊

また、「Brave」では、広告をブロックする代わりに、プライバシーを尊重した広告を表示することで、暗号通貨「BAT」を獲得するという機能があります。

暗号通貨「BAT」の受け取りは、日本国内では難しかったようですが、「bitFlyer」と提携したことによって、日本国内のユーザーも「bitFlyer」の口座に受け取ることができるようになったようです。

＊

スマホ版の「Brave」では、動画サイトの音声をバックグラウンドで再生できるため、動画サイトの音楽を聞きながら別の作業をすることができます。

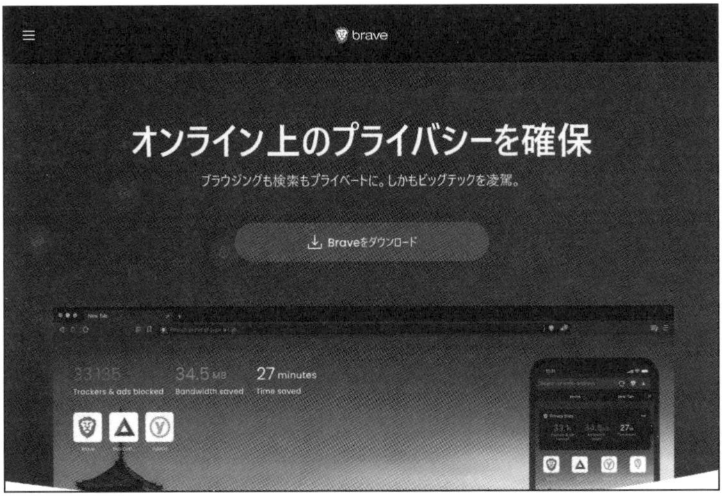

図1-4-6　「Brave」は広告ブロック機能を搭載しているブラウザ

図1-4-7　開始ページで広告ブロックの効果が確認できる

多くのブラウザの特徴

現在は、多くのブラウザが「Chromium」をベースとしています。

「Chroimium」は、「Chrome」のオープンソース版で、「Chrome」も「Chromium」をベースにしています。

*

「エンジン名」は、「HTMLレンダリング」の部分が「Blink」、「JavaScript」の実行エンジンが「V8」と呼ばれていて、「V8」は「Node.js」というサーバサイドの「JavaScript実行環境」でも利用されています。

*

「Chromium」をベースとする理由は、シェアの高い「Chrome」と同等の安全性や表示能力が得られ、組み込みやすいことが挙げられます。

一方で、特定のエンジンが高過ぎるシェアをもつことは、「インターネットエクスプローラ」(IE)が独走していた時代のように、Web標準にとって良いことではないかもしれません。

検索エンジンについて

多くのブラウザで初期の検索サイトに設定されていて、利用者数が多い「Google検索」には、検索内容などからユーザーの行動を追跡しているというプライバシーに対する懸念事項があります。

また、検索結果も、「SEO対策されたサイト」や、「まとめサイト」などが上位を占め、適切な情報の取得が難しくなっています。

検索サイトで表示される内容は、検索エンジンの特性や、フィルタリングやランキングなど内容の調整によって異なるので、それぞれの特性を確認して、使い分けると得られる情報が増えます。

Yahoo! JAPAN

「Yahoo! JAPAN」は、国内大手の検索サイトです。

以前は、手動登録によってカテゴリ分けされた一覧がメインのサイトでしたが、2010年に「検索エンジン」と「検索連動型広告配信システム」をGoogleのシステムに切り替えています。

検索結果はGoogleと同じではなく、「PayPayフリマ」の商品が表示されるなど、独自の調整が行なわれています。

また、「リアルタイム検索」という、Twitterの投稿を検索する機能もあります。

*

「Yahoo! JAPAN」は、ポータルサイトとしての機能が強く、ニュースやオークションは多くのユーザーが利用しています。

日本の「Yahoo! JAPAN」を運営する企業と米国の「Yahoo!」を運営する企業は、2018年に資本関係がなくなっています。

図1-4-8 Yahoo!Japan
URL: https://www.yahoo.co.jp/

DuckDuckGo

「検索エンジン」の最大手である「Google」は、
さまざまなサービスが統合されていて、利便性が高い一方で、情報漏洩やプライバシー保護の観点で、快く思わない人も少なくありません。

「DuckDuckGo」は、「ユーザーの追跡」(トラッキング)を行なわない」など、個人情報を守ると宣言している検索エンジンです。

基本的には、Googleと似たデザインの画面ですが、メールなどのアプリケーションがないのが特徴です。

＊

「DuckDuckGo」は、「DuckAssist」という自然言語の質問に対する回答ができるAI機能を搭載予定です。

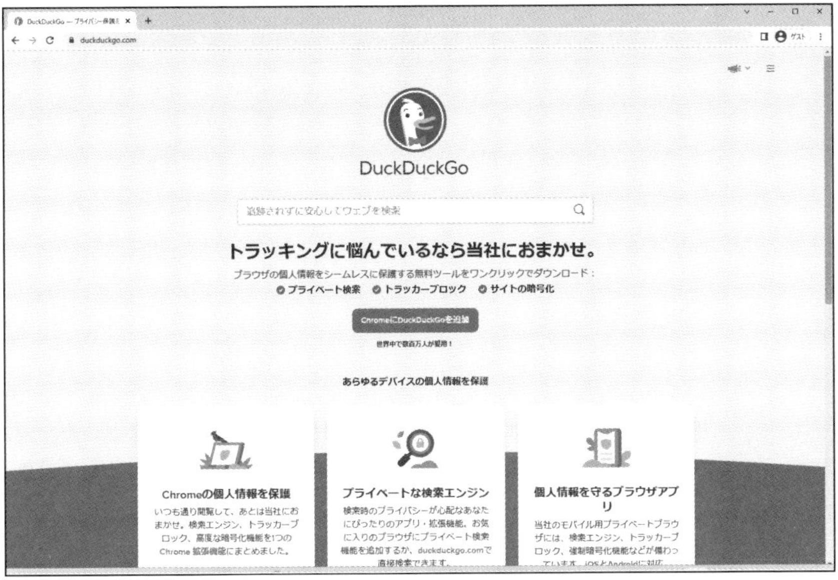

図1-4-9　DuckDuckGo
URL: https://duckduckgo.com

Baidu

「Baidu」(バイドゥ、百度)は、中国の検索エンジンです。

検索サイトでは、「日本語版」のサービス提供は終わっていますが、「中国語版」は日本からでもアクセスすることができます。

＊

国内向けのサービスで、現在も続いているものとして、「Simeji」というスマートフォン向けの「日本語入力アプリ」があります。

このアプリは、キーボードの背景の変更や、顔文字変換ができるサードパーティ製キーボードです。

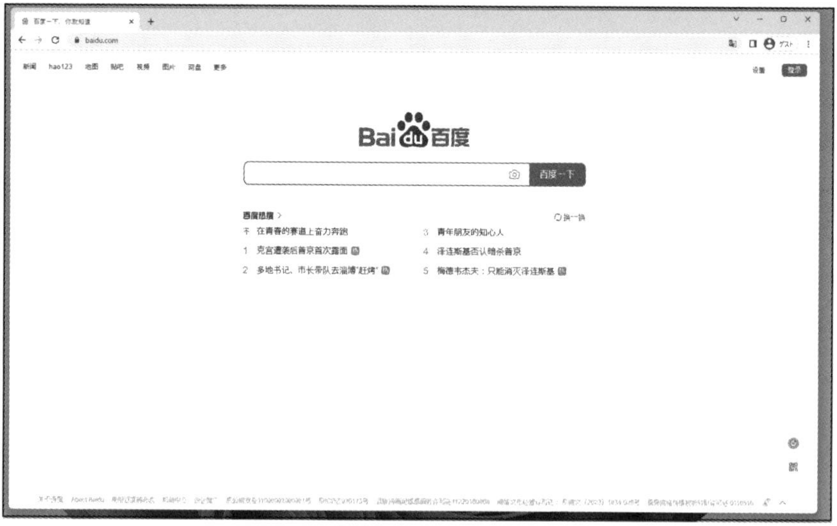

図1-3-10 Baidu
URL: https://www.baidu.com/

第2章

Google Chromeの機能

「Google Chrome」は、「Microsoft Edge」と比べると、派手な新機能はありませんし、話題の「生成AI」も、まだ試験運転中です。

＊

しかし、「Google」はシンプルな「ブラウザ機能」と強力な「検索機能」、そしてPCやスマホ、タブレットのアプリを、1つの「Googleアカウント」に紐付けて一元管理できる使い勝手の良さを誇っています。

＊

ここでは、「Google Chrome」の新機能と、便利でも意外と知られていない「Google Chromeリモートデスクトップ機能」を取り上げてみます。

2-1 「Google Chrome」の新機能

「ChatGPT」や「BingAI」など、生成AIが騒がれる中、Googleも生成AI「Bard」の試験運用を始めています。

生成AI 「Google Bard」

■「PaLM2」ベースの会話型AI

「Google Bard」は、Googleが開発した会話型人工知能のチャットボットで、Googleの大規模言語モデル「PaLM2」[※1]をベースにしています。

「テキスト」を生成したり、さまざまな「クリエイティブ コンテンツ」を作成したり、ユーザーの質問に対して回答することもできます。

※1 「PaLM」(Pathways Language Model、パスウェイズ言語モデル)は、Googleが開発した大規模言語モデル(LLM)の1つ。最新版は、「Google I/O 2023」で発表された「PaLM2」。

■「ChatGPT」との違い

圧倒的に知られている「ChatGPT」とはどう違うのでしょうか。

*

「Google Bard」は、「Google AI」によって開発されましたが、「ChatGPT」は「OpenAI」によって開発されています。

「Google Bard」は、「ChatGPT」よりも多くのデータでトレーニングされ、かつ多くのタスクを実行するようにトレーニングされています。

*

「Google Bard」は、「ChatGPT」よりも正確な回答ができるように、トレーニングされているようです。

■「Google Bard」を使ってみる

「試験運用中」ですが、「Google Bard」を使ってみましょう。

*

以下にアクセスします。

https://bard.google.com/

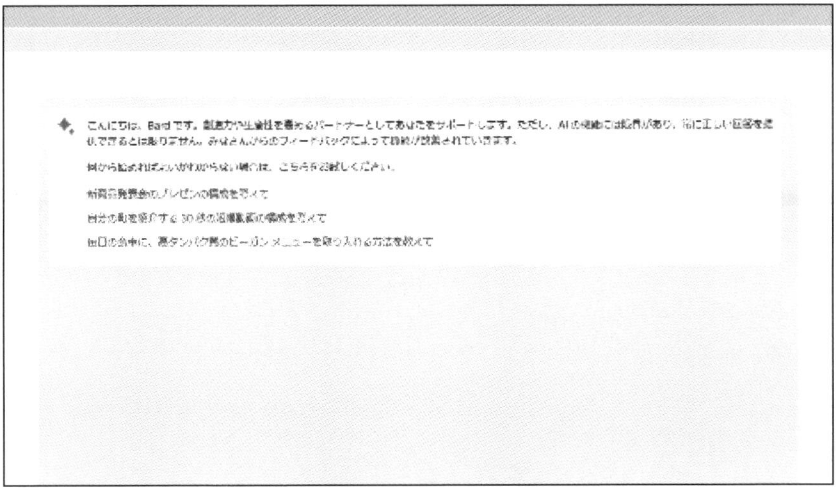
こんにちは、Bard です。

図2-1-1 「Bard」の画面

■ まずは《例題》で試す

まずは、《例題》のリンクをクリックして、生成AIがどのようなものか体験してみましょう。

《例題》は、更新すると違うものも出てきます。

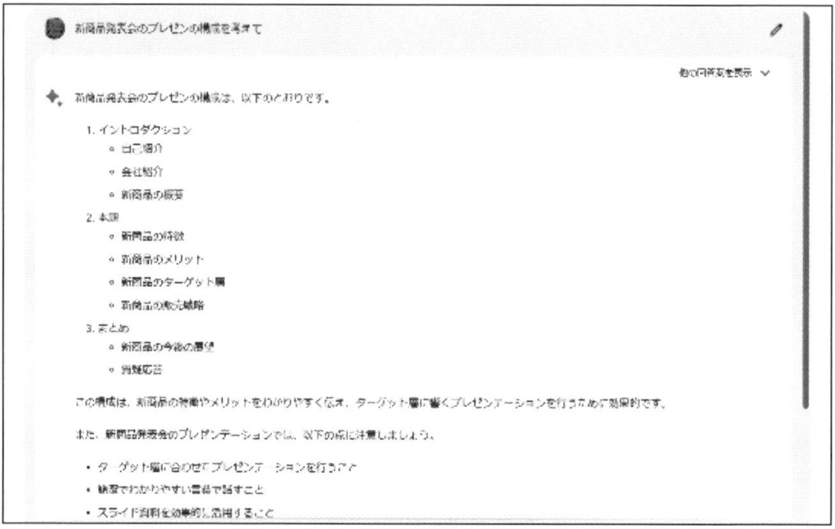
新商品発表会のプレゼンの構成を考えて
新商品発表会のプレゼンの構成は、以下のとおりです。
1. イントロダクション
自己紹介
会社紹介
新商品の概要
2. 本題
新商品の特徴
新商品のメリット
新商品のターゲット層
新商品の販売戦略
3. まとめ
新商品の今後の展望
質疑応答
この構成は、新商品の特徴やメリットをわかりやすく伝え、ターゲット層に響くプレゼンテーションを行うために効果的です。
また、新商品発表会のプレゼンテーションでは、以下の点に注意しましょう。
ターゲット層に合わせてプレゼンテーションを行うこと
簡潔でわかりやすい言葉で話すこと
スライド資料を効果的に活用すること

図2-1-2　《例題1》新商品発表会のプレゼン

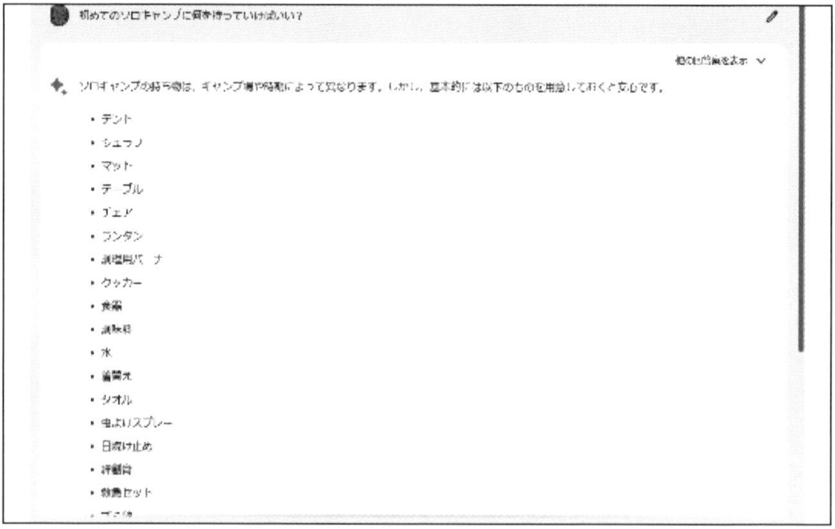
初めてのソロキャンプに何を持っていけばいい?
テント
マット
テーブル
ランタン
クッカー
食器
調味料
水
タオル
虫よけスプレー
日焼け止め
救急セット

図2-1-3　《例題2》初めてのソロキャンプに何を持っていけばいい?

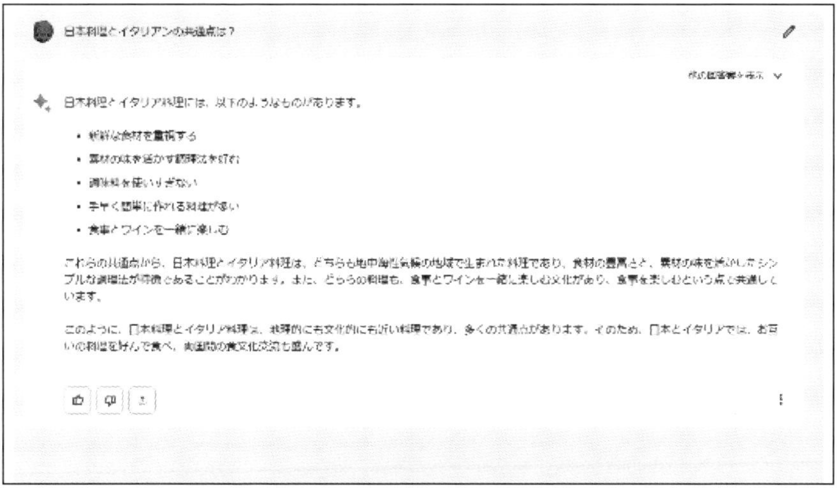
日本料理とイタリアンの共通点は？
日本料理とイタリア料理には、以下のようなものがあります。
新鮮な食材を重視する
素材の味を活かす調理法を好む
調味料を使いすぎない
手早く簡単に作れる料理が多い
食事とワインを一緒に楽しむ

図2-1-4　《例題3》日本料理とイタリアンの共通点は?

だいたいチャットの回答のイメージがつかめたでしょうか。

入力は、「自然言語」(普通の話し言葉など)で大丈夫です。

■「Bard」にプログラムを書いてもらう

「生成AI」は、スクリプトを書くのが得意と聞いているので、「Python」のプログラムが書けるのか、質問してみました。

Pythonで三目ならべのプログラムを作ってください。
Bard で生成される情報は不正確または不適切な場合がありますが、Google の見解を述べるものではありません。

図2-1-5　「Python」のプログラムが書けるか聞いてみた

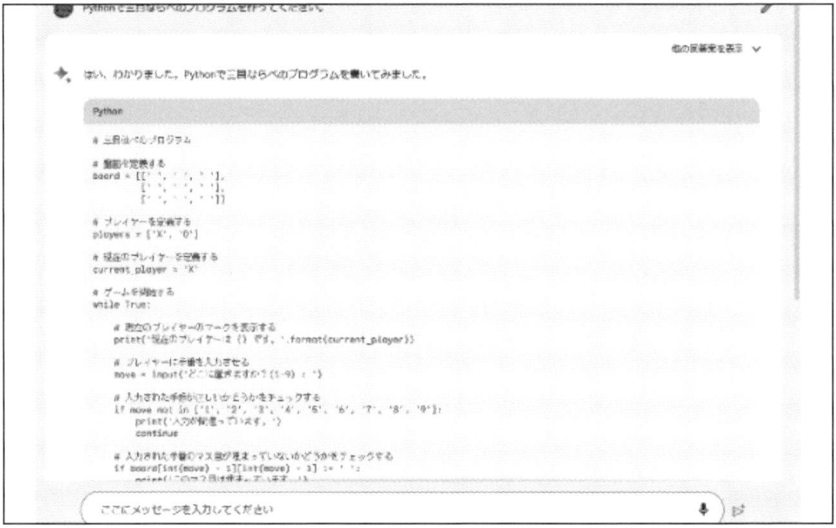
はい、わかりました。Pythonで三目ならべのプログラムを書いてみました。
Python
ここにメッセージを入力してください

図2-1-6　それらしきプログラムを導き出してきた

＊

このように、一通りの作品が、手軽にそして簡単に作成できてしまうのが、「生成AI」の特徴です。

しかし、イラストにしろプログラムにしろ、手軽に作品を作れてしまうとことが、最近のネットでの炎上につながっている理由でもあります。

＊

今後、著作権などの法律の下に、生成AIのルールも整備されていくことでしょう。

メモリセーバー

「Google Chrome」のパフォーマンス設定では、アクティブなタブをスムーズに動作させたり、パソコンのバッテリを長持ちさせるような設定にしたりと、カスタマイズすることができます。

＊

「Google Chrome」の右上にある3点（メニューアイコン）をクリックし、メニューから「設定」を選びます。

図2-1-7　ブラウザのカスタマイズはここから

「パフォーマンス」タブにある「メモリセーバー」のトグルキーを“オン”にします。

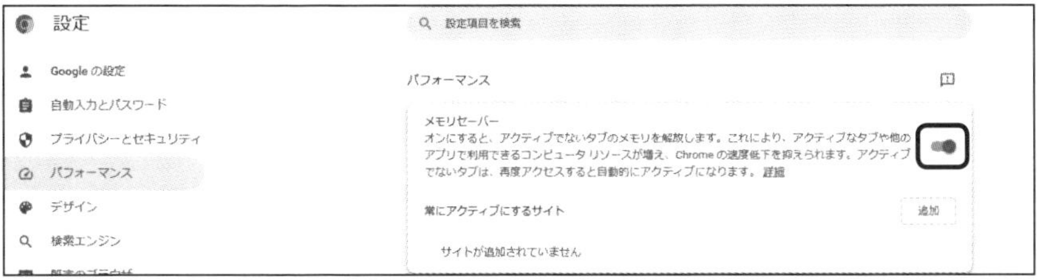

図2-1-8　タブのメモリを解放し、リソースを節約する

パソコンの「メモリ」を節約して、アクティブな「タブ」がスムーズに動作するように、使用していないタブを無効にします。

アクティブでない「タブ」にアクセスすると、自動的に再読み込みされます。

パスワード管理機能

インターネット上で利用するコンテンツが増えると、「アカウント(ID)」と「パスワード」などの「ログイン情報」も増えていき、ついつい同じ「パスワード」使い回して使っている人も多いでしょう。

しかし、それは、「アカウント乗っ取り」のリスクも高く、さまざまな危険を孕みます。パスワードは、しっかり管理するようにしましょう。

＊

「Google Chrome」の「設定」→「自動入力とパスワード」で「パスワードマネージャー」を開き、「強力なパスワード」を生成したり、「保存したパスワード」を自動入力したり、複数のデバイスで「パスワードを同期」したり設定できます。

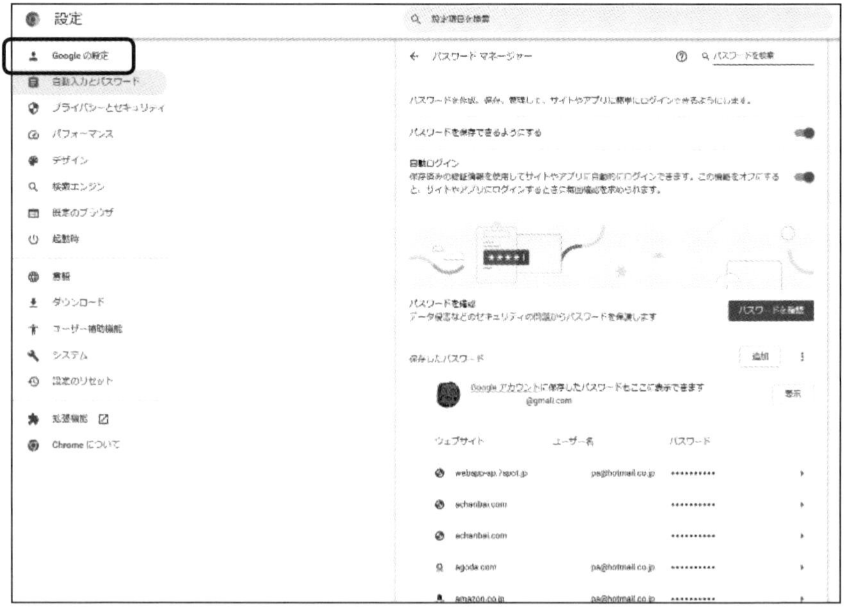

図2-1-9　「アカウント」や「パスワード」を安全に管理

2-2 Chromeリモートデスクトップ

「Google Chrome」は、「シンプルなブラウジング」と「幅広い拡張機能やカスタマイズ機能」、「強力なGoogle検索」の搭載で人気が高いのは周知のとおりです。

その豊富な機能の中に、意外に知られていない便利な機能として、「Chromeリモートデスクトップ」があります。

「離れたところにあるPCを操作する」という「遠隔操作」サービスですが、パソコンに強い人なら、覚えておけば強力な武器になるかもしれません。

*

「Googleアカウント」と「ブラウザ」があればどこからでも接続できて、しかも無料。「ブラウザ」が動けばいいので、「iPhone」や「Android」からもつなぐことができます。

*

まずは、「自宅のPCにリモートで接続する方法」から説明します。

■新井克人

「Chromeリモートデスクトップ」とは

■ サービス概要

「Chromeリモートデスクトップ」は、Googleが提供する、「リモートアクセスを行なうためのソフトウェアサービス」です。

*

このサービスの歴史は長く、2011年10月に「PCのリモートヘルプデスク向け」の「画面共有サービス」として発表されてから、これまで着々とバージョンアップされ、機能強化がされてきました。

*

オープンなプロトコルの「WebRTC」をベースに、「Googleアカウントのセキュリティ」を使って、安全に簡単に画面共有ができます。

そのため、「単なるPCの画面共有サービス」から、「クラウド上のサーバ管理」や「自宅のPCへのリモート接続」まで、幅広く使えるように進化してきました。

接続するクライアントは、「Windows」「Mac」「Linux」に加えて、「iPhone」や「Android」のブラウザからの接続もサポートされています。

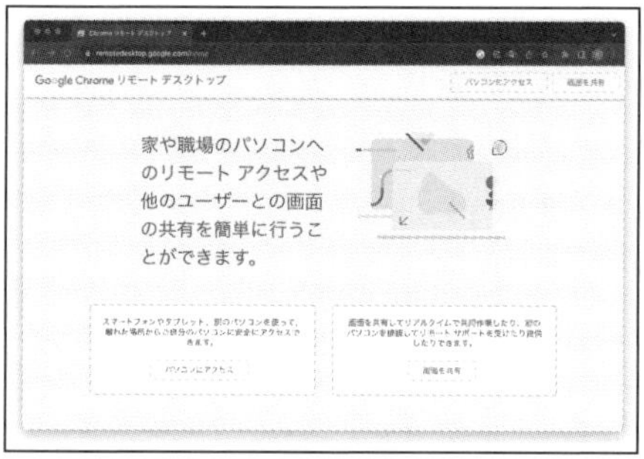
Google Chrome リモート デスクトップ
家や職場のパソコンへのリモート アクセスや他のユーザーとの画面の共有を簡単に行うことができます。

図2-2-1　ChromeリモートデスクトップのHP
https://remotedesktop.google.com/

今回は、①リモート操作される「ホストPC」は「Windows環境」、②リモート接続するクライアントは「MacOS環境」――を使って説明します。

「リモートアクセス」に挑戦

■ ホストPCのセットアップ

最初に、ホストPCの設定を行ないます。

[手順]

[1]ブラウザで、以下のURLを開きます。

https://remotedesktop.google.com/access

「Chromeブラウザ」以外の「Edge」や「Firefox」「Safari」でも、「Chromeリモートデスクトップ」は使えますが、素直に「Chromeブラウザ」を使って説明します。

＊

[2]「Googleアカウント」でログインをすると、初期画面が表示されます。

図2-2-2　セットアップ初期画面

これまで一度も利用したことがなければ、トップ画面で「リモートアクセスの設定」が大きく表示されているはずです。

[3]右下の「ダウンロードボタン」をクリックすると、ブラウザの拡張機能のインストール画面が表示されるので、インストールを完了してください。

その後、使っている環境に合わせて、ホスト機能をセットアップするための実行ファイルがダウンロードされます。

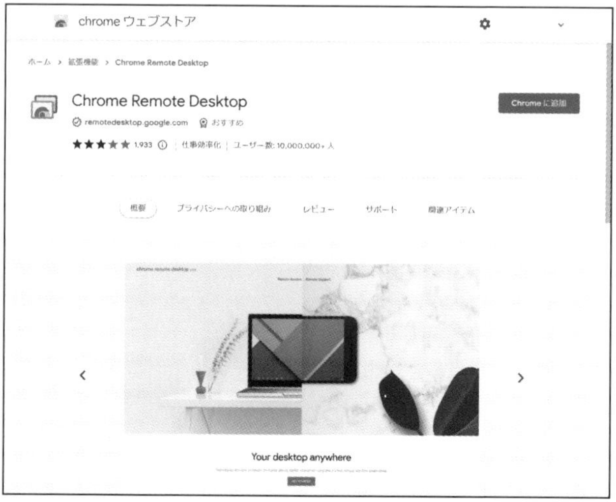

図2-2-3　ブラウザ拡張機能導入画面

[4] ダウンロードが完了したら、ブラウザ上で「同意してインストール」のボタンが表示されるので、こちらをクリックします。

図2-2-4　ブラウザ上で規約に同意

[5] ソフトウェアの導入が完了すると、ホスト PC の名前の設定画面になるので、区別しやすい名前を設定します。

ここでは、「自宅の Windows」をホスト PC 名として設定しました。

図2-2-5　ホストPC名設定画面

[6] 最後に接続時のパスワードとなる、「PIN コード」を設定してください。
「PIN コード」は数字のみ、6文字以上で設定します。

---

*

以上で、「ホスト PC」の準備が完了しました。

*

では、設定した「ホスト PC」に「クライアント」から、接続してみましょう。

■「クライアント」から「ホストPC」に接続

最初に説明したように、ホスト PC と異なるデバイスであれば、クライアントは PC でもスマートフォンでもかまいません。

[手順]

[1]ブラウザで、ホストPCを設定したときと同じURLを開いてください。

https://remotedesktop.google.com/remote

「ホストPC」を設定したときと同じ「Googleアカウント」でログインすると、トップ画面で「ホストPC」に設定した名前が表示されているはずです。

ここでは、先ほど設定した「自宅のWindows」が表示されています。

図2-2-6　クライアント側MacOSのトップ画面

[2]「ホストPC」への接続は、このアイコンをクリックし、「PINコード」を入力するだけです。

「PINコード」は保存することもできるので、一度接続が完了すれば、クリックだけで「ホストPC」のデスクトップ画面を操作できるようになります。

---

*

さて、接続が完了した筆者のデスクトップPCの画面は、以下のように表示されてしまいました。

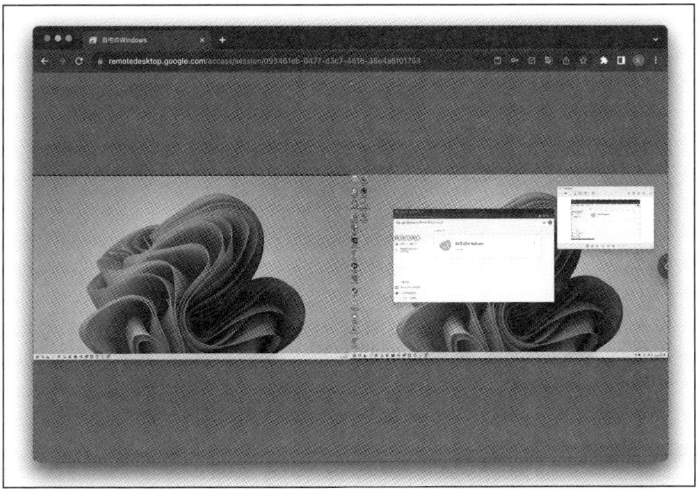

図2-2-7　マルチモニタ環境を共有した画面

筆者のPC環境では、2台のマルチモニタを接続しているため、画面が2つ並んだ状態でデスクトップが共有されています。

このままでは画面が小さく使いにくいため、片方のモニタだけを共有することもできます。

＊

画面の端中央にある「半円」と「矢印」のアイコンをクリックしてください。

クライアントメニューが表示され、ここから「リモート接続の切断」や「特殊キー操作の送信」、「フレームレートの設定」などが行なえます。

ファイルの送受信も、ここから操作します。

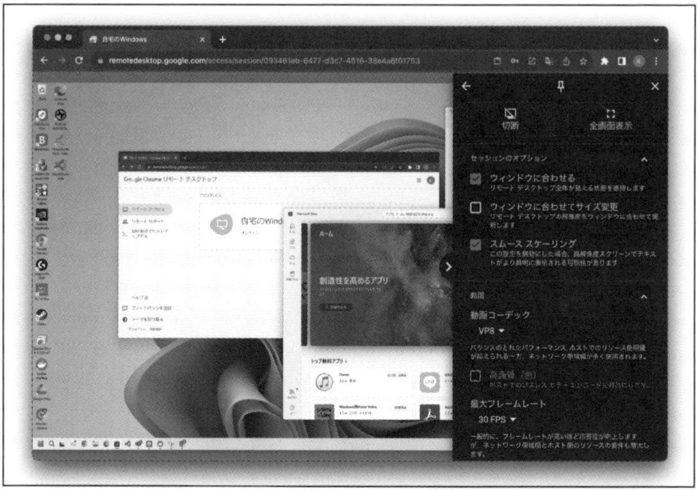

図2-2-8　クライアントメニューを表示した状態

クライアントのメニューを、下のほうまでスクロールすると、「ディスプレイ」という項目があるので、ここで表示したいモニタを選択すると、複数のモニタのうち1つだけを共有・操作できるようになります。

＊

これで、ホストPCへのリモート接続ができました。

異なるOSやスマートフォンから、いろいろと接続して操作の違いを試してください。

＊

参考までに、iPhoneから接続した場合の画面は以下のようになります。

マウスのエミュレーションも行なわれるため、思った以上に操作できてしまうことに驚かれるかもしれません。

図2-2-9 iPhoneからクライアント接続した画面

■「ホストPC」の「リモート接続停止」

最後に、「ホストPC」で、「リモート接続」を止めてみましょう。

＊

不必要に接続できるようにしたくない場合には、ホストPC上で操作する必要はなく、どこからでも共有を停止できます。

「Chromeリモートデスクトップ」のトップ画面で、ホストPCの名前が表示されているアイコンの右側にある「ゴミ箱」アイコンをクリックしてください。これで、ホストPCのリモート共有機能は停止します。

ただし、共有を再開させる場合は、リモートから再開させることはできません。セキュリティの観点から、ホストPC上で共有再開の操作する必要があるので、注意してください。

＊

今回は「Chromeリモートデスクトップ」の「リモートアクセス」の機能を試しました。

「リモートアクセス」を使うことで、自分のPCを「Googleアカウント」を通して共有することができました。

Chromeリモートデスクトップで「リモートサポート機能」

次に、本来の（？）機能である、「他人のパソコンを操作してサポートを提供するための、リモートサポート機能」を紹介します。

この記事を読んでいる皆様であれば、親族や友人から「電話」や「Line」で突然連絡があって、パソコンの不具合に対応した経験があるのではないでしょうか。

相手のパソコンの状況が見えない上、パソコンに詳しくない相手の説明を聞きながら問題を解決するのは、こちらの知識と想像力が試される、大きな試練と言えるでしょう。

＊

最近は、「Line」や「Facetime」で画面を写してもらいながら、クリックする場所を逐一指示する、などの工夫もできるので、少しマシになったと言えます。

とはいえ、クリックもおぼつかない状況でサポートするのは、時間はかかる上、双方にとって精神衛生上良くない状況が続きます。
画面を共有してもらって、こちらから直接操作しながら、さっとサポートしたいですね。

そのような場合に活躍するのが、「リモートサポート」機能です。

■ リモートサポート機能

「Chromeリモートデスクトップ」の「リモートサポート機能」は、「サポートを受ける側」と「サポートを提供する側」で、それぞれで簡単な操作をするだけで、「画面共有」と「操作」ができるようになる機能です。

この機能は無料で提供されており、必要になるのは、それぞれの「Google アカウント」だけです。

＊

まず、「Chromeリモートデスクトップ」のリモートサポート・サイト(https://remotedesktop.google.com/support)にアクセスしてください。

図2-2-10　リモートサポートメニュー
https://remotedesktop.google.com/support/

最初は、「サポートを受ける側」の準備方法から説明します。

＊

今回は、「Windows」を中心に説明をしますが、「macOS」でも「Linux」でも、セットアップや使い方は基本的に同じです。

「リモートサポート」に挑戦

■「サポートを受けるPC」の準備

誰かに「リモートサポート」を依頼したい場合は、「サポートを受けるパソコン」に「ソフトウェアの導入作業」が必要になります。

この作業は一度だけ実施しておけばよく、導入もそれほど難しくはありません。

※また、前回「リモートアクセス」機能の設定をしたPCの場合は、この初回の作業はスキップできます。

[手順]

[1]「リモートサポート・サイト」を開くと、「この画面を共有」という、「大きなパネル」が表示されているはずです。

[2]「初回のアクセス」では、「そのパネルに丸いダウンロードボタン」が表示されているので、クリックします。

[3] すると、「chromeウェブストア」が開き、「Chrome Remote Desktop プラグイン」が表示されるので、「Chromeに追加」ボタンをクリックして、プラグインを導入します。

図2-2-11 ブラウザ・プラグインの導入

[4]「プラグインの導入」が完了すると、自動的に「システムへの導入ファイル」がダウンロードされます。

[5]ダウンロードが完了すると、ブラウザ上の表示が変わるので、「同意してインストール」をクリックしましょう。

図2-2-12　システムファイルのインストール

[6]導入には、“管理者権限”が必要なため、「管理者権限のセキュリティダイアログ」が表示されたら、「はい」をクリックして、導入を進めます。

■ サポートする側の準備

[手順]

[1]サポートを提供する側は、準備はほぼ必要ありません。

前回でも説明したように、接続する側のクライアントは、モバイルでもかまわないので、ブラウザで「Chome リモートデスクトップ」のリモートサポート・サイト（https://remotedesktop.google.com/support）にアクセスしてください。

[2] たとえば、「iPhone」でアクセスすると、**図2-2-13**のような画面が表示されます。

この状態で、サポートを受ける方から、「アクセスコード」を待ちましょう。

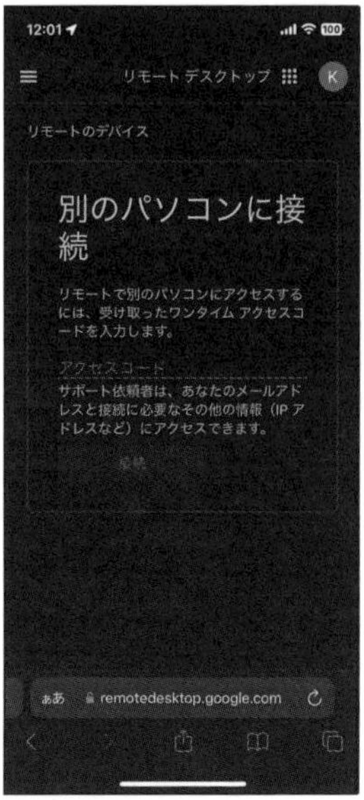
12:01
リモート デスクトップ
リモートのデバイス
別のパソコンに接続
リモートで別のパソコンにアクセスするには、受け取ったワンタイム アクセスコードを入力します。
アクセスコード
サポート依頼者は、あなたのメールアドレスと接続に必要なその他の情報（IP アドレスなど）にアクセスできます。
あぁ remotedesktop.google.com

図2-2-13　「iPhone」からの接続待ち画面

■ リモートサポートの開始

[手順]

[1] お互いの準備が完了したら、「サポートを受ける側」のパソコンで、「コードを生成」ボタンをクリックして、「アクセスコード」を発行します。

[2]「アクセスコード」は、5分間だけ有効なコードで、1回のアクセスで無効になるので、サポートを提供する人に手早く知らせましょう。

この画面を共有
他のユーザーがこのパソコンにアクセスできるようにするには、以下をクリックしてワンタイム アクセスコードを生成し、アクセスを許可するユーザーにそのコードを伝えます。相手のユーザーは、あなたの画面を表示して、キーボードとマウスを操作できるようになります。
3390 6371 2996
このアクセスコードはあと 5:00 で期限切れとなります。
キャンセル

図2-2-14　「アクセスコード」の発行

[2] サポートを提供する人は、受け取った「アクセスコード」を入力して、接続を開始します。

[3] すると、**図2-2-15**のようにセッション開始待ちの画面になるので、「サポートを受ける側」で許可のアクションが取られるまで待ちます。

図2-2-15　接続待ちの画面

[4]「サポートを受ける側」のPCには、接続を開始した「Googleアカウント」の「メールアドレス」が表示されます。

「接続者」に間違いがなければ、「許可」をクリックしましょう。

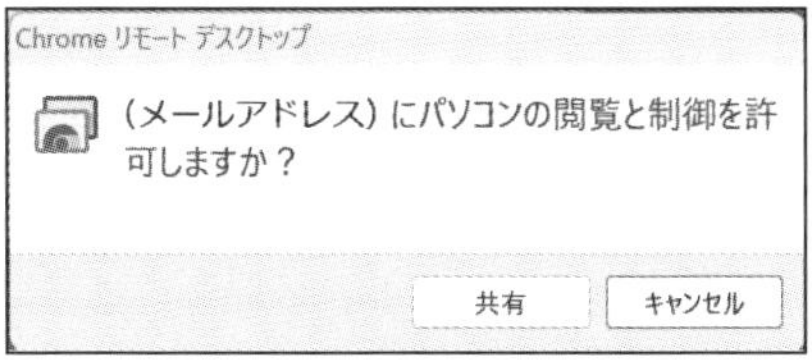

図2-2-16　共有許可のダイアログ

以上で、サポートセッションが開始されます。

セッションが開始されれば、「サポートを提供する側」の使い方は、「リモートアクセス」機能とまったく変わりません。

※「マルチ・ディスプレイ」への対応もされており、PC同士であれば、ファイルのやりとりもできます。

「サポートを受ける側」のPCからはいつでもセッションを切断できるので、必要なサポートを受けたら、「リモートセッション」を終了しましょう。

＊

また、30分ごとに接続を継続して良いかを確認するメッセージが**図2-2-17**のように表示されるため、放置しておくと、自動的に切断されます。

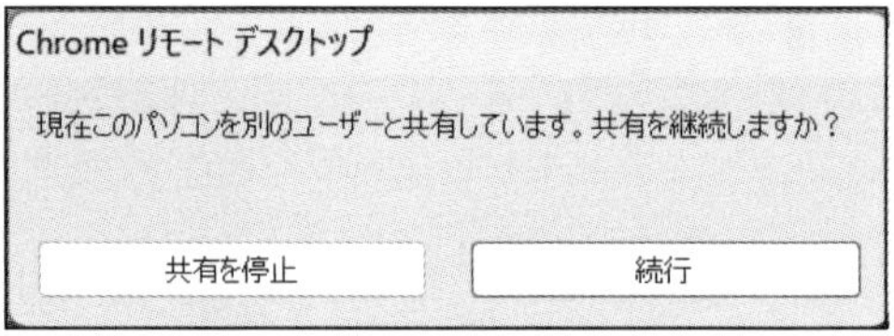
Chrome リモート デスクトップ
現在このパソコンを別のユーザーと共有しています。共有を継続しますか？
共有を停止
続行

図2-2-17　継続確認のダイアログ

リモートサポート機能についての解説は以上です。

上手く利用すれば、簡単なトラブルは、すぐに解決できるようになるでしょう。

そのせいで、余計にサポート依頼が増える“危険性”はありますが。

システム環境によらない「リモートデスクトップ接続」が、無償で簡単に実現できるのは心強いですね。

2-3 「Google Chrome」の拡張機能

生成AI「ChatGPT」は、多くのインターネットブラウザやアプリケーションで利用可能。「Google Chrome」にも、「ChatGPT」をより便利に活用するための拡張機能が多数リリースされています。

「ChatGPT」関連の拡張機能

「質問」や「回答」、「要約」をしたり、「プロンプト」と呼ばれる質問文を整理したり、便利に「ChatGPT」を活用するための拡張機能を、「Chromeウェブストア」からダウンロードできます。

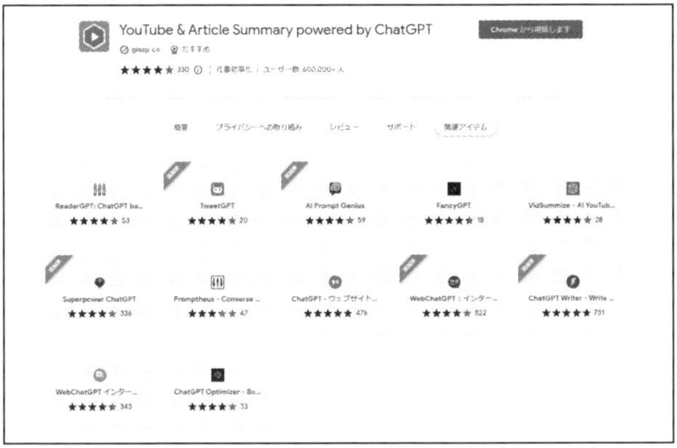

図2-3-1
「ChatGTP」に関する拡張機能は多い

■WebChatGPT

「WebChatGPT」は、インターネットで検索してきた内容を「ChatGPT」の回答に追加する。

■ChatGPT for Google

わざわざ「ChatGPT」にアクセスしなくても、Google検索するだけで検索結果と一緒に「ChatGPT」の回答を表示する。

■ChatGPT Writer

メールのサンプル文章を生成。

■Superpower for ChatGPT

フォルダを使って「プロンプト」を整理したり一括保存。

■Merlin Chat GPT

「Chrome」でWebサイト閲覧中に[command](Alt)キー＋[M]キーを押すだけで素早く「ChatGPT」に質問。

■YouTube & Article Summary powered by ChatGPT

YouTubeで配信しているコンテンツの内容を、文字起こししたいときに便利。

■ChatGPT Prompt Genius

「ChatGPT」の「履歴」をローカル上に保存。

■ChatGPT Glarity

いろいろなコンテンツの内容を自動要約してくれる。

■ ChatGPT to Notion

「ChatGPTの履歴を「Notion」に蓄積。

■Voice Control for ChatGPT

「ChatGPT」と音声で会話できるようになる。

■AIPRM for ChatGPT

「ChatGPT」をSEOツール化。

■YoutubeDigest

お気に入りの「YouTube動画」の簡潔で情報量の多い要約を生成。

第3章

Microsoft Edgeの新機能

「Microsoft Edge」は、オープンソースの「Chromiumエンジン」を搭載したブラウザで、Windowsの「標準ブラウザ」として採用されています。

＊

「Google Chrome」とほぼ同じブラウザになったと考えられ、「Webサイト」や「拡張機能」との互換性が高く、パフォーマンスも向上しました。

また、「追跡防止機能」や「セキュリティ」、「プライバシー制御」や「使い勝手」を向上させる機能を備えています。

3-1 「AI」搭載でブラウジング機能を強化

「Microsoft Edge」のサイドバー内で、AIを利用したツールやアプリなどに素早くアクセスできます。

これには、「Bingタブ」を切り替えたり、フローを中断することなく、日常の言葉を使って、「質問」「回答の取得」「検索の絞り込み」「情報の要約」「コンテンツの作成」ができます。

図3-1-1　Microsoft Edgeの「サイドバー」

「Bing」はAIを活用したWebの副操縦士（Copilot）

■ サイドバーを開く

「サイドバー」のチャットには、「Bingチャット」などのの検索機能と、執筆や創作に活用できる「クリエイティブ機能」があります。

＊

まずは、右上の「Bing」アイコンをクリックします。

※ショートカットキー⇒［Ctrl］＋［Shift］＋［.］

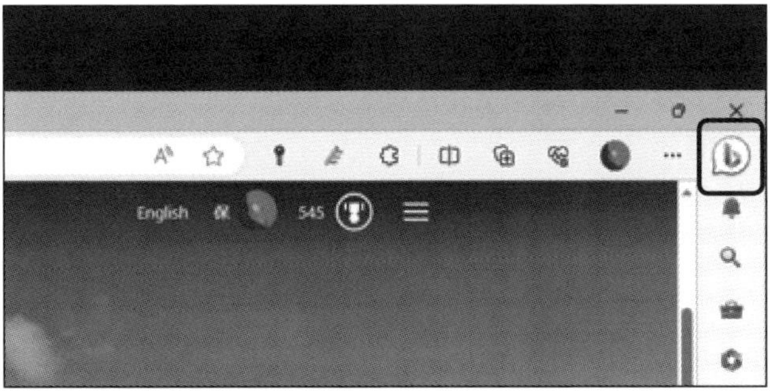

図3-1-2　「Bingアイコン」をクリックするとサイドバーが開く

■ 調べているページの情報が自動的にサイドバーに取り込まれる

「チャット」は、ブラウザで表示しているページに関連して、「検索」と「回答」を行なうこともできます。

＊

ここでは、メイン画面で「松尾芭蕉」を調べていると、サイドバーのチャット画面には、「松尾芭蕉」に関連した「情報」や「質問」が出てきます。

図3-1-3　チャットにも「松尾芭蕉」関連の「情報」や「質問」が表示された

サイドバーのチャット画面には、たとえば、

どんな俳句を詠んだ？ **どこで生まれた？** **どんな人物に影響を与えた？**

など、「松尾芭蕉」に関連した「質問」を表示してくれます。

さらに情報を知りたいとき、深く掘り下げていくためのキーワードが分からないときでも、「Bingチャット」が“質問案”をいくつか出してくれるので、選ぶだけで簡単に、情報を深堀りしていけます。

■ 任意の部分を範囲選択してチャットに転送

調べているWebページに気になる文章があれば、マウスをクリックしたまま範囲選択してみましょう。

選択した文章がサイドバー側に転送され、「選択したテキストをチャットに送信しますか？」と出ます。

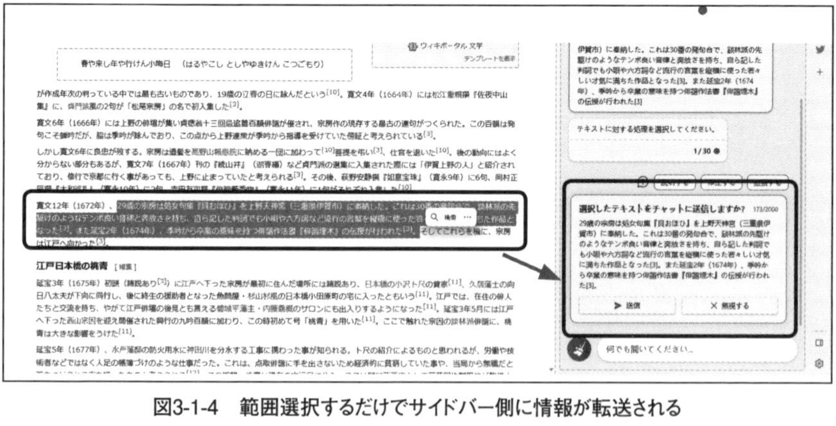

図3-1-4　範囲選択するだけでサイドバー側に情報が転送される

「送信」をクリックすると、それがチャットに取り込まれ、その文章を元に、「回答」や新たな「質問」が生成されます。

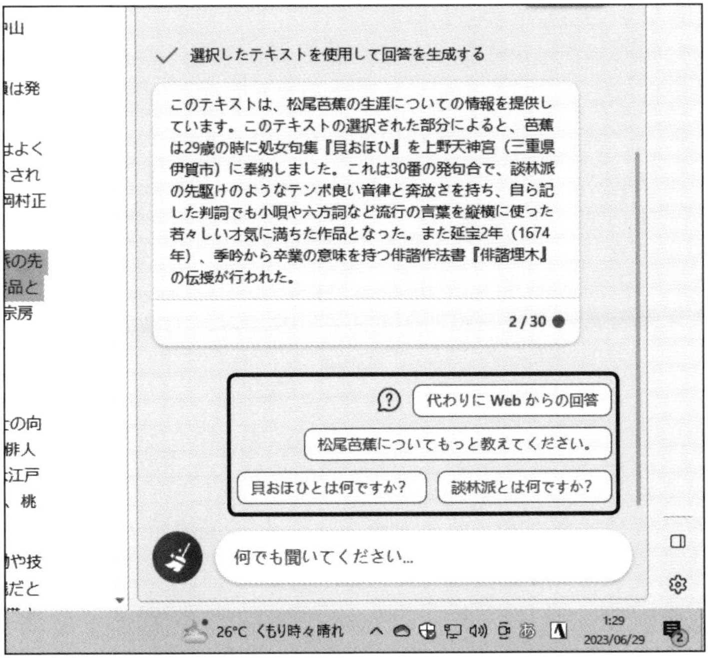
選択したテキストを使用して回答を生成する
このテキストは、松尾芭蕉の生涯についての情報を提供しています。このテキストの選択された部分によると、芭蕉は29歳の時に処女句集『貝おほひ』を上野天神宮（三重県伊賀市）に奉納しました。これは30番の発句合で、談林派の先駆けのようなテンポ良い音律と奔放さを持ち、自ら記した判詞でも小唄や六方詞など流行の言葉を縦横に使った若々しい才気に満ちた作品となった。また延宝2年（1674年）、季吟から卒業の意味を持つ俳諧作法書『俳諧埋木』の伝授が行われた。
2 / 30
代わりに Web からの回答
松尾芭蕉についてもっと教えてください。
貝おほひとは何ですか?
談林派とは何ですか?
何でも聞いてください...
26°C くもり時々晴れ
1:29
2023/06/29
図3-1-5　取り込んだ文章から、新たな質問が生成された

「何でも聞いてください…」の左にある「ほうきアイコン」をクリックすると、情報がリセットされ、新しいトピックを聞いてきます。

■「要約」や「説明」を作る

長い文章をサイドバーに転送したとき、重要なポイントをまとめた「要約」を作ることができます。

＊

テキストに対する処理を選べるので、「説明する」「修正する」「要約する」「拡張する」の中から、「要約する」を選びました。

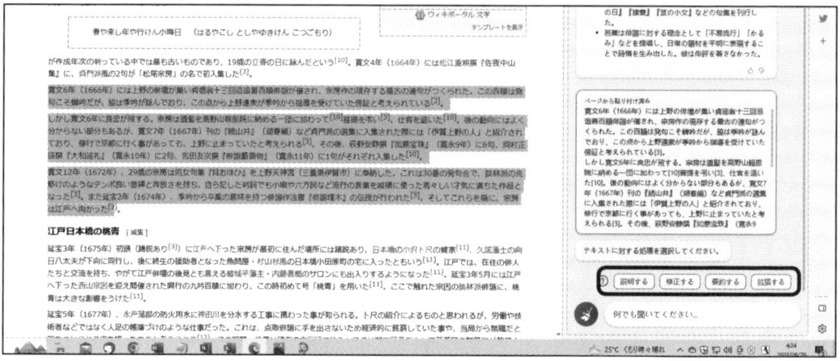
テキストに対する処理を選択してください。
説明する
修正する
要約する
拡張する
何でも聞いてください...

図3-1-6　テキストに対する処理、「要約する」を選ぶ

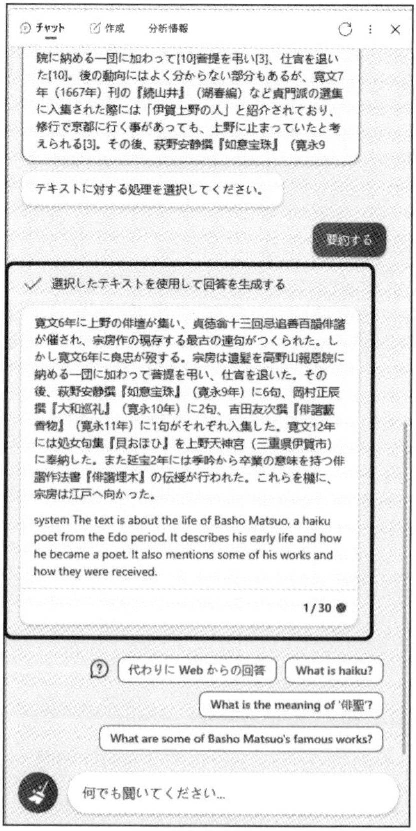
チャット
作成
分析情報
院に納める一団に加わって[10]菩提を弔い[3]、仕官を退いた[10]。後の動向にはよく分からない部分もあるが、寛文7年（1667年）刊の『続山井』（湖春編）など貞門派の選集に入集された際には「伊賀上野の人」と紹介されており、修行で京都に行く事があっても、上野に止まっていたと考えられる[3]。その後、荻野安静撰『如意宝珠』（寛永9
テキストに対する処理を選択してください。
要約する
選択したテキストを使用して回答を生成する
寛文6年に上野の俳壇が集い、貞徳翁十三回忌追善百韻俳諧が催され、宗房作の現存する最古の連句がつくられた。しかし寛文6年に良忠が歿する。宗房は遺髪を高野山報恩院に納める一団に加わって菩提を弔い、仕官を退いた。その後、荻野安静撰『如意宝珠』（寛永9年）に6句、岡村正辰撰『大和巡礼』（寛永10年）に2句、吉田友次撰『俳諧藪香物』（寛永11年）に1句がそれぞれ入集した。寛文12年には処女句集『貝おほひ』を上野天神宮（三重県伊賀市）に奉納した。また延宝2年には季吟から卒業の意味を持つ俳諧作法書『俳諧埋木』の伝授が行われた。これらを機に、宗房は江戸へ向かった。
system The text is about the life of Basho Matsuo, a haiku poet from the Edo period. It describes his early life and how he became a poet. It also mentions some of his works and how they were received.
1/30
代わりに Web からの回答
What is haiku?
What is the meaning of '俳聖'?
What are some of Basho Matsuo's famous works?
何でも聞いてください...

図3-1-7　要約が生成された

■ 参照をクリックすると新たなタブを開く

回答で得られた情報には、「参照先」(出典先)が表示されることがあります。

その情報の正確さを確認するためにも、「参照先」のページチェックしておくといいでしょう。

「参照先リンク」をクリックすると、新しいタブが開かれて、参照先のページを確認できます。

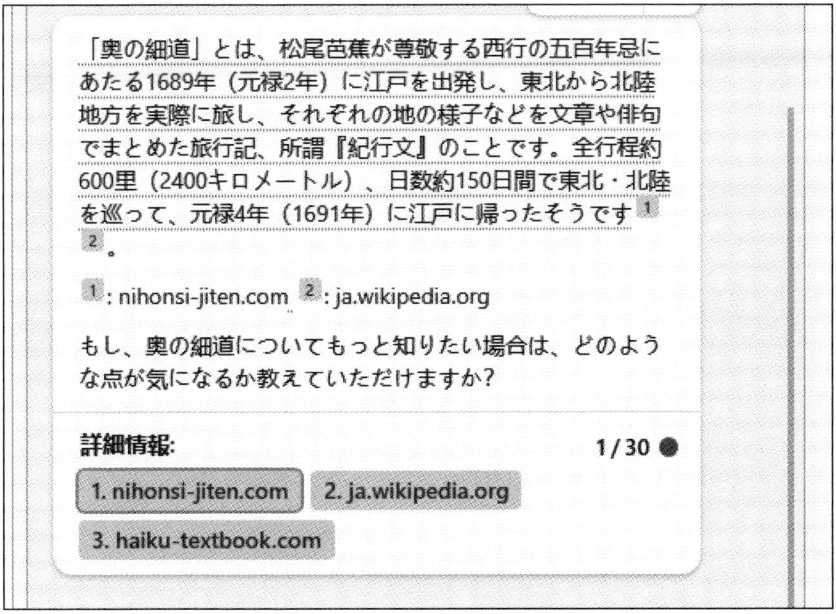

「奥の細道」とは、松尾芭蕉が尊敬する西行の五百年忌にあたる1689年（元禄2年）に江戸を出発し、東北から北陸地方を実際に旅し、それぞれの地の様子などを文章や俳句でまとめた旅行記、所謂『紀行文』のことです。全行程約600里（2400キロメートル）、日数約150日間で東北・北陸を巡って、元禄4年（1691年）に江戸に帰ったそうです 1 2 。
1 : nihonsi-jiten.com 2 : ja.wikipedia.org
もし、奥の細道についてもっと知りたい場合は、どのような点が気になるか教えていただけますか?
詳細情報:
1/30
1. nihonsi-jiten.com
2. ja.wikipedia.org
3. haiku-textbook.com

図3-1-8 「回答の文章」に下線が引かれ、「参照したサイト」が表示される

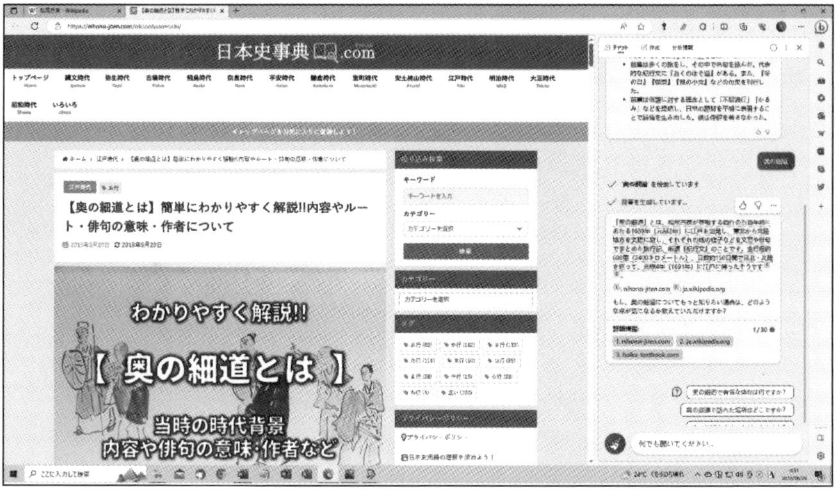
日本史事典.com
【奥の細道とは】簡単にわかりやすく解説!!内容やルート・俳句の意味・作者について
わかりやすく解説!!
【 奥の細道とは 】
当時の時代背景
内容や俳句の意味・作者など

図3-1-9　参照先は、新しいタブを開いて表示される

■ チャットで価格を比較してみる

製品情報のページから、製品の名前を選択して「検索」をクリックすると、チャットで製品の比較が出て、意思決定を迅速にできます。

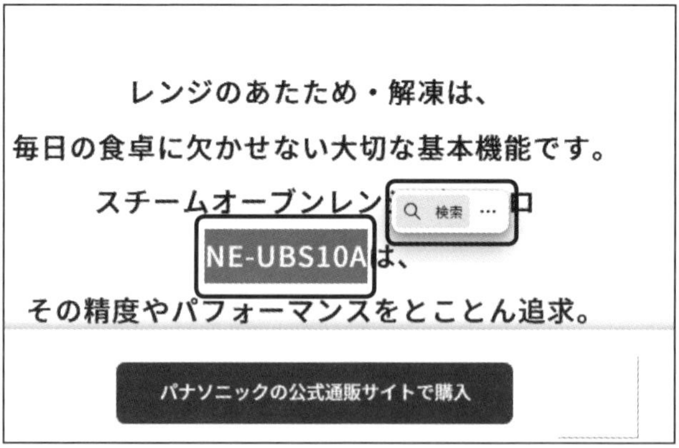
レンジのあたため・解凍は、
毎日の食卓に欠かせない大切な基本機能です。
スチームオーブンレン
ロ
検索
NE-UBS10Aは、
その精度やパフォーマンスをとことん追求。
パナソニックの公式通販サイトで購入

図3-1-10　製品名を選択して、「検索」をクリック

だからとことんこだわりました。
Bistro
食品の温度・分量を自動で見分けて、
すばやくおいしい温度に。
レンジのあたため・解凍は、
毎日の食卓に欠かせない大切な基本機能です。
スチームオーブンレンジ ビストロ
NE-UBS10Aは、
その精度やパフォーマンスをとことん追求。
パナソニックの公式通販サイトで購入

図3-1-11　価格比較や機能比較などが表示される

「サイドバー」にうまく情報が取り込めない？

ブラウジングしているサイトの情報が、サイドバーにうまく取り込めないときは、「ページコンテキスト」の設定（「チャット」がWebページの情報を参照する許可）をチェックしてみましょう。

＊

「ページのコンテキスト」が「OFF」になっていたら、「ON」に切り替えて、許可を与えてください。

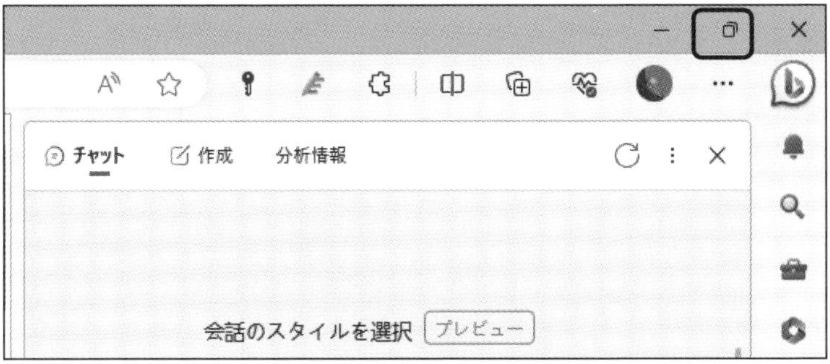
チャット
作成
分析情報
会話のスタイルを選択
プレビュー

図3-1-12　「…」の部分をクリック

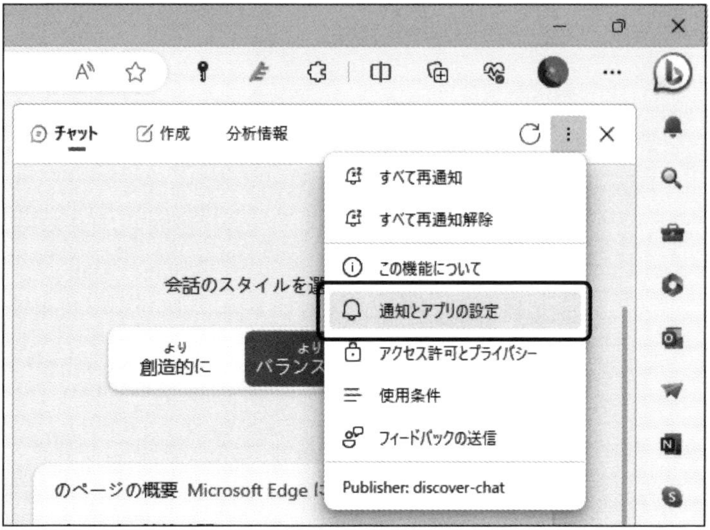

図3-1-13　メニューが表示されるので、「通知とアプリの設定」をクリック

図3-1-14　「ページコンテキスト」のスイッチを「ON」に設定

「イメージクリエーター」を使う

「Image Creator」は、「Microsoft Edge」の「サイドバー」から、直接「DALL-E」[※1]を使い、「AI画像」を生成します。

「テキスト・プロンプト」を指定すると、AIはその「プロンプト」に一致する、一連の画像を生成します。

※1 「DALL-E」は、「テキストの説明」(プロンプト)から画像を生成できる、「OpenAI」によって開発された「AIモデル」。テキスト－イメージのペアのデータセットを使い、テキストの説明から画像を生成するためにトレーニングされた「GPT-3」の12億パラメータバージョン。

■ イメージクリエーターの起動

「Microsoft Edge」で「イメージクリエーター」を使うには、まず「サイドバー」の「＋」アイコンを選択し、「Edgeバー」に表示される「Image Creator」のトグルキーを“オン”にします。

これで、「サイドバー」に「イメージクリエーター」が追加されます。

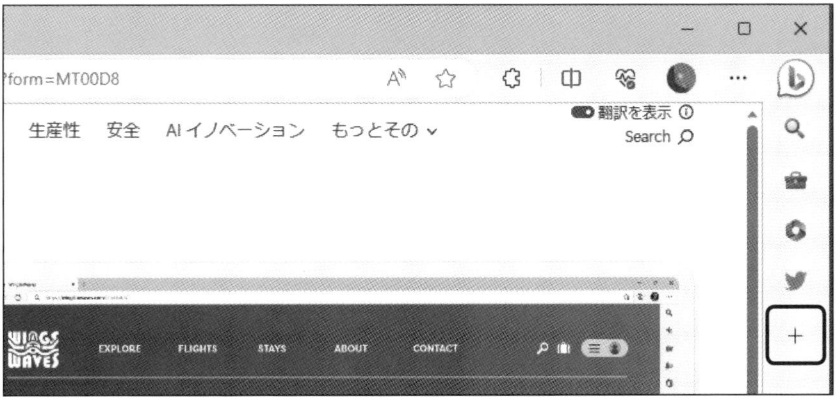

図3-1-15 「イメージクリエーター」のアイコンが無かったら、「＋」アイコンをクリックする

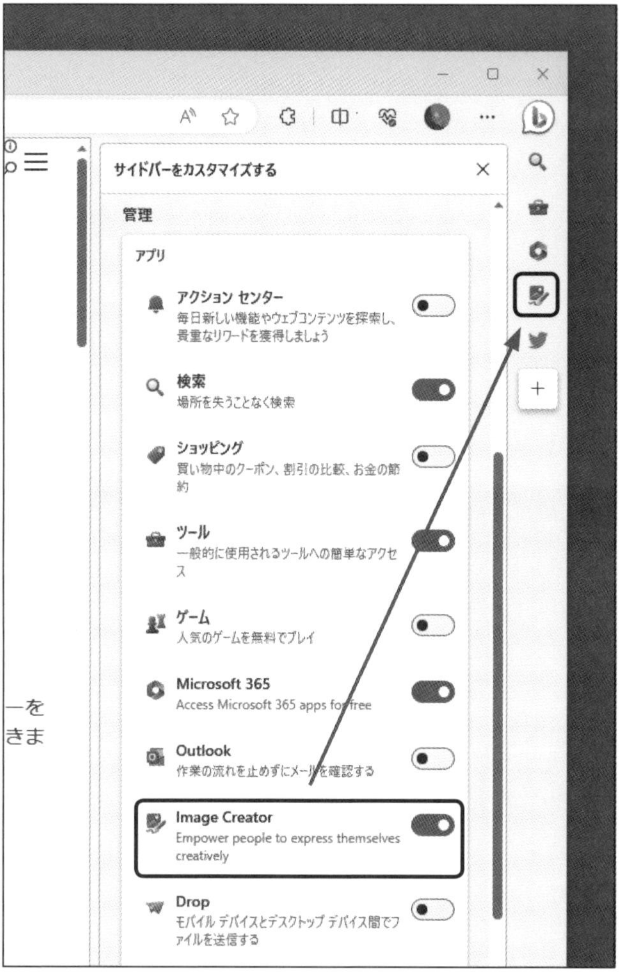

図3-1-16　「Image Creator」のトグルキーを“オン”にすると、「サイドバー」にアイコンが追加された

「サイドバー」に表示された「イメージクリエーター」アイコンをクリックすれば、ブラウザの右側のペイン（Edgeバー）で「イメージクリエーター」が使えるようになります。

そこで画像を作成し、コピーして、SNSやブログに投稿することができます。

■ 画像生成のためのプロンプトの作成

「イメージクリエーター」は、「Bing」で画像を検索するのとは違い、与えられた情報（プロンプト）を元にイメージ化（画像を生成）します。

イメージが浮かべば、「天気」「時間」「風景」「形容詞」「場所」「描画手法」など、詳細を追加します。

基本は、「形容詞」＋「名詞」＋「動詞」＋「どのようなイラストか」が入っていれば、イラストにしやすいでしょう。

[形容詞]大きな＋[名詞]鳥が＋[動詞]空高く飛んでいる＋[種類]写実的

図3-1-17　シンプルに、「大きな鳥が空高く飛んでいる写実的」と入力した

もう少し、細かい描写をして自然言語で入力してみましょう。

「列車を降りた駅は、雪国だった。もう日が暮れて、誰もいない。電灯の明かりだけがうっすらと灯っている。」

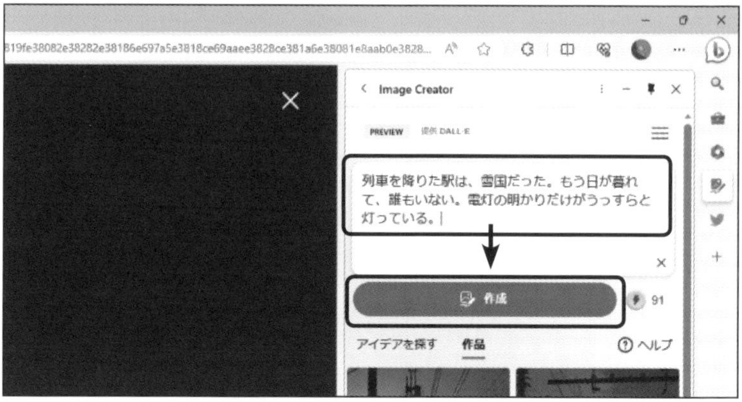
Image Creator
PREVIEW
提供 DALL·E
列車を降りた駅は、雪国だった。もう日が暮れて、誰もいない。電灯の明かりだけがうっすらと灯っている。
作成
91
アイデアを探す
作品
ヘルプ

図3-1-18　自然言語で入力してみた

図3-1-19　細かい指示があると、イメージしている描写に近づいていく

有名な小説のワンシーンや、短歌や俳句の情景描写をイラスト化しても面白いかもしれませんね。

《松尾芭蕉　「奥の細道」より》

夏草や　兵どもが　夢の跡

図3-1-20　文学作品のワンフレーズをイメージ化

■ 生成した画像の「保存」や「共有」

イメージが作成されたら、そのイメージを選択して、オプションを表示します。

「共有」をクリックすれば、画像へのリンクを取得できます。SNSなどにURLを貼り付ければ、誰でも画像を見ることができます。

「+」保存**をクリックすれば、写真コレクションに保存されます。**

「↓」ダウンロードをクリックすれば、「保存先」や「ファイル名」を指定して保存できます。

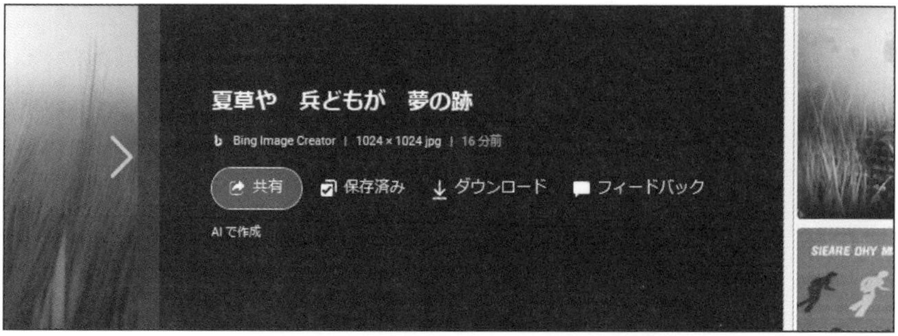

図3-1-21　生成した画像を共有して評価してもらおう

3-2 「Microsoft Edge」のパフォーマンス

「Google Chrome」と同じテクノロジーで構築された「Microsoft Edge」には、Windowsで最適に動作するように、パフォーマンスを向上させる機能があります。

＊

「スリープタブ」や「スタートアップブースト」などを組み込むことで、ブラウザの起動が速く、またブラウザのパフォーマンスが向上します。

スリープタブ

「Microsoft Edge」は、使用していないタブを「スリープ状態」にします。

これにより、「メモリ」や「CPU」などのシステムリソースが解放され、使用しているタブに必要なリソースが確保されるため、ブラウザのパフォーマンスが向上します。

■「パフォーマンス」の設定

「Microsoft Edge」の右上部にある「…」をクリックしてメニューを出し、「設定」を選びます。

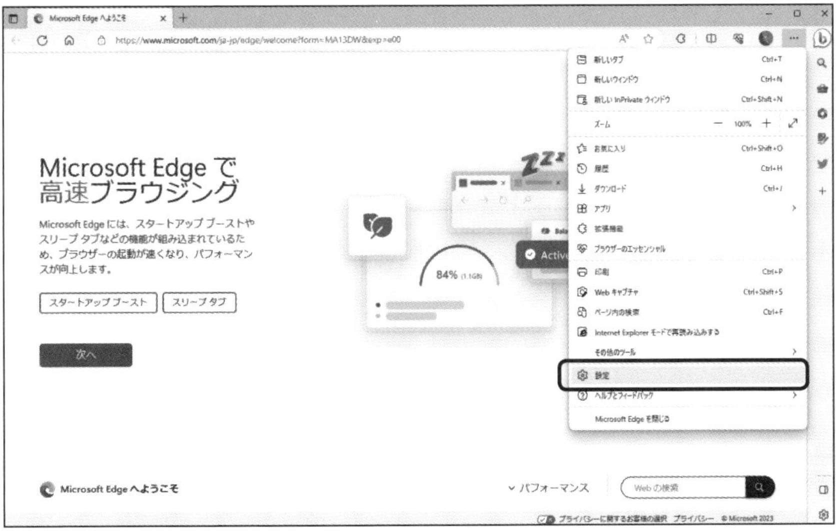

図3-2-1 ブラウザ上部の「…」をクリックし、メニューから「設定」を選ぶ

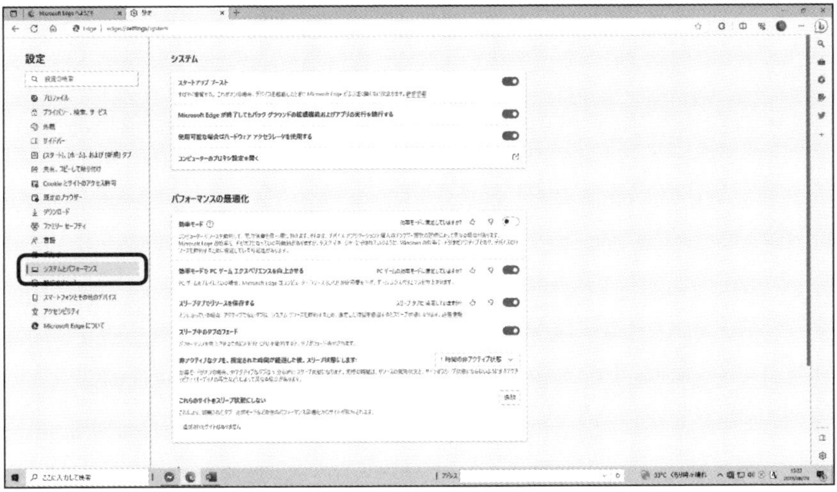

図3-2-2 「システムとパフォーマンス」タブを開く

■ スリープタブの設定

「スリープタブ」の機能を組み込み、パフォーマンスを向上させます。

＊

「スリープタブでリソースを保存する」のトグルキーを“オン”にします。

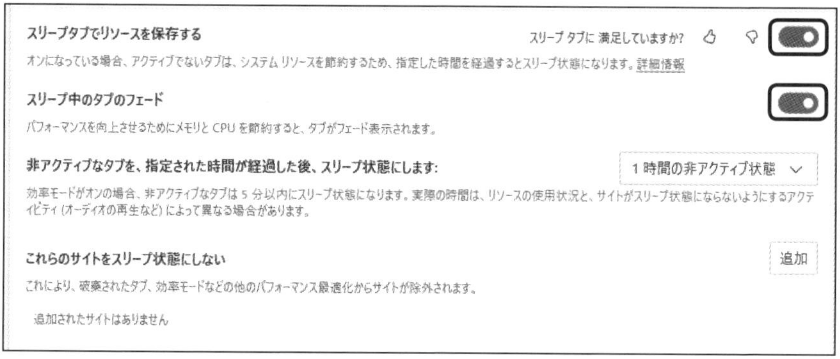
スリープタブでリソースを保存する
スリープ タブに 満足していますか?
オンになっている場合、アクティブでないタブは、システム リソースを節約するため、指定した時間を経過するとスリープ状態になります。詳細情報
スリープ中のタブのフェード
パフォーマンスを向上させるためにメモリと CPU を節約すると、タブがフェード表示されます。
非アクティブなタブを、指定された時間が経過した後、スリープ状態にします:
1 時間の非アクティブ状態
効率モードがオンの場合、非アクティブなタブは 5 分以内にスリープ状態になります。実際の時間は、リソースの使用状況と、サイトがスリープ状態にならないようにするアクティビティ (オーディオの再生など) によって異なる場合があります。
これらのサイトをスリープ状態にしない
追加
これにより、破棄されたタブ、効率モードなどの他のパフォーマンス最適化からサイトが除外されます。
追加されたサイトはありません

図3-2-3　「スリープタブ」をオンにする

また、「スリープ中のアブのフェード」のトグルキーを“オン”にしておくと、「スリープ状態のタブ」がどれか、分かりやすくなります。

新しいタブ
ニュース
COVID-19
エンタメ
ライフスタイル
自動車
For Good
動画
パーソナライズ設定

図3-2-4　スリープ中のタブは表示の色が薄くなっている

タブは、デフォルトで「1時間」操作がないと「スリープ状態」になります。

「タブ」が「スリープ状態」になるまでの時間を変更することもできます。

設定メニューで、「タブがスリープ状態になる時間」を、「30秒」から「12時間」の範囲で選ぶことができます。

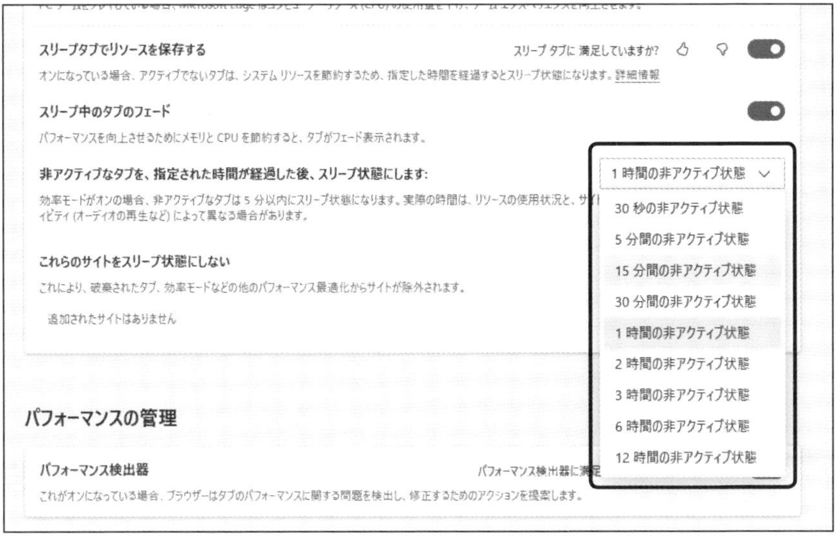
スリープタブでリソースを保存する
スリープ タブに 満足していますか?
オンになっている場合、アクティブでないタブは、システム リソースを節約するため、指定した時間を経過するとスリープ状態になります。詳細情報
スリープ中のタブのフェード
パフォーマンスを向上させるためにメモリと CPU を節約すると、タブがフェード表示されます。
非アクティブなタブを、指定された時間が経過した後、スリープ状態にします:
1 時間の非アクティブ状態
30 秒の非アクティブ状態
5 分間の非アクティブ状態
15 分間の非アクティブ状態
30 分間の非アクティブ状態
1 時間の非アクティブ状態
2 時間の非アクティブ状態
3 時間の非アクティブ状態
6 時間の非アクティブ状態
12 時間の非アクティブ状態
これらのサイトをスリープ状態にしない
これにより、破棄されたタブ、効率モードなどの他のパフォーマンス最適化からサイトが除外されます。
追加されたサイトはありません
パフォーマンスの管理
パフォーマンス検出器
これがオンになっている場合、ブラウザーはタブのパフォーマンスに関する問題を検出し、修正するためのアクションを提案します。

図3-2-5　タブがスリープになる時間を設定できる

スタートアップブースト

「Microsoft Edge」は、「タスクバー」「デスクトップ」、または「デバイスの起動後」または「ブラウザを閉じた後」に、ログオンしたときに他のアプリケーションに埋め込まれたハイパーリンクから起動すると、より迅速に起動します。

＊

「スタートアップブースト」は、現在のところ、Windowsを搭載したデバイスのみに対応しています。

■「スタートアップブースト」を“オン”にする

通常、「スタートアップブースト」は、デフォルトで“オン”になっています。

デバイスで「スタートアップブースト」が“オン”になっていない場合は、ブラウザ上部の「…」をクリックして、メニューの「設定」→「システムとパフォーマンス」→「システム」→「スタートアップブースト」のトグルキーを“オン”にします。

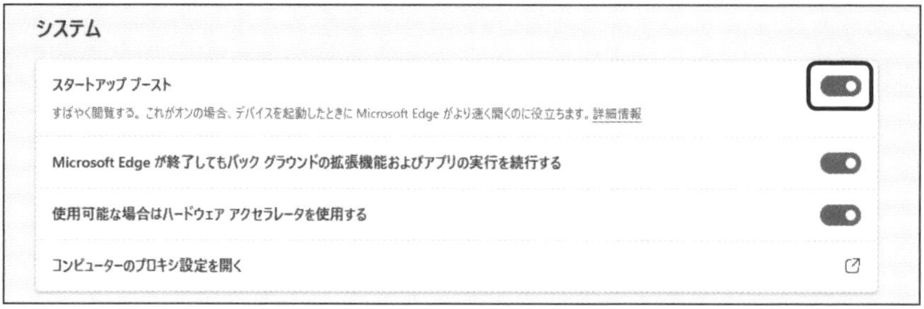
システム
スタートアップ ブースト
すばやく閲覧する。これがオンの場合、デバイスを起動したときに Microsoft Edge がより速く開くのに役立ちます。詳細情報
Microsoft Edge が終了してもバック グラウンドの拡張機能およびアプリの実行を続行する
使用可能な場合はハードウェア アクセラレータを使用する
コンピューターのプロキシ設定を開く

図3-2-6　「スタートアップブースト」をオンに

「スタートアップブースト」は、「Microsoft Edge」をより早く、開きます。

ブラウザの起動にかかる時間を大幅に短縮することで、PCのパフォーマンスを最大化します。

効率モードでバッテリ寿命を延ばす

「効率モード」を“オン”にして、「CPU」と「RAM」(メモリ)のリソースを節約し、デバイスのバッテリを長持ちさせることができます。

■「効率モード」の設定

ブラウザ上部の「…」クリックし、メニューから「設定」を選び、「システムとパフォーマンス」タブをクリック、「パフォーマンスの最適化」から、「効率モード」のトグルキーを“オン”にします。

「効率モード」を使用すると、平均25分以上のバッテリ寿命が得られます。

「効率モード」は、コンピュータリソースを節約することで、PCのバッテリ寿命を延ばすのに役立ちます。

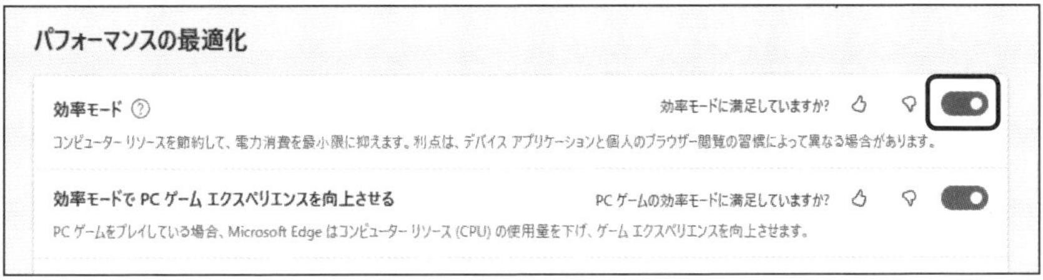
パフォーマンスの最適化
効率モード
効率モードに満足していますか?
コンピューター リソースを節約して、電力消費を最小限に抑えます。利点は、デバイス アプリケーションと個人のブラウザー閲覧の習慣によって異なる場合があります。
効率モードで PC ゲーム エクスペリエンスを向上させる
PC ゲームの効率モードに満足していますか?
PC ゲームをプレイしている場合、Microsoft Edge はコンピューター リソース (CPU) の使用量を下げ、ゲーム エクスペリエンスを向上させます。

図3-2-7　効率化モードの設定

ノートPCなどが「バッテリセーバーモード」に入ると、「効率モード」がアクティブになり、ブラウザのツールバーに、充満した「心臓脈拍アイコン」で示されます。

アイコンを選択すると、「パフォーマンス」メニューにモードの現在の状態が表示されます。

このメニューを使用して、「効率モード」がアクティブになるタイミングを変更することもできます。

「効率モード」は、「Windows」「macOS」「Linux」で動作します。

モードがアクティブになるときのデフォルトは、プラットフォームごとに異なります。

「Windows」の場合は、Windowsバッテリセーバーモードに従います。

「macOS」の場合、20％でオンになります。

「Linux」の場合、デフォルトではオフになっています。

＊

「効率モード」は、ブラウザが使用するシステムリソースの量を減らすことで、バッテリ消費量を削減しています。

3-3 「Microsoft Edge」で生産性を上げる

「Microsoft Edge」には、「コレクション」「垂直タブ」「タブグループ」などのツールが組み込まれていて、整理された状態を維持し、オンラインでの時間を最大限に活用できます。

コレクション

「コレクション」は、買い物、旅行の計画、調査やレッスンプランのためのメモの収集、または最後にインターネットを閲覧したときに中断したところから再開する場合でも、Web上のアイデアを追跡するのに役立ちます。

■ 自分のコレクションを作る

ネットサーフィンしながら、「コレクション」に任意の「Webページ」「画像」「リンク」を追加して、アイデアやひらめきの素材として保存できます。

「コレクション」の開始は、ブラウザのウィンドウ右上にある「コレクションボタン」をクリックします。

※ショートカットキー⇒ [Ctrl]＋ [Shift]＋ [Y]

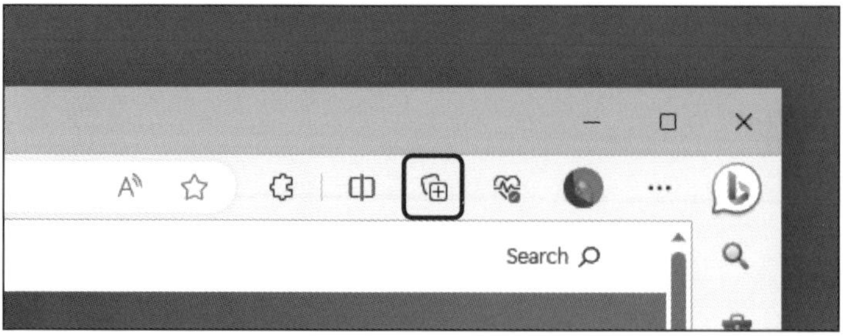

図3-3-1　コレクションボタン

「コレクション」が開きます。

■「コレクション」に画像を追加

ウェブを閲覧しながら、「コレクション」に画像を保存できます。

画像にカーソルを合わせるか、右クリックメニューから選ぶだけで、「コレクション」に追加できます。

図3-3-2　画像にマウスカーソルをあて、右メニューを出す

■「新しいコレクション」を作る

「新しいコレクション」を作りたいときは、「新しいコレクションを作成」をクリックし、「コレクション名」を入力して、「保存」をクリックします。

図3-3-3　コレクションが開いた

図3-3-4　新しいコレクションを作成

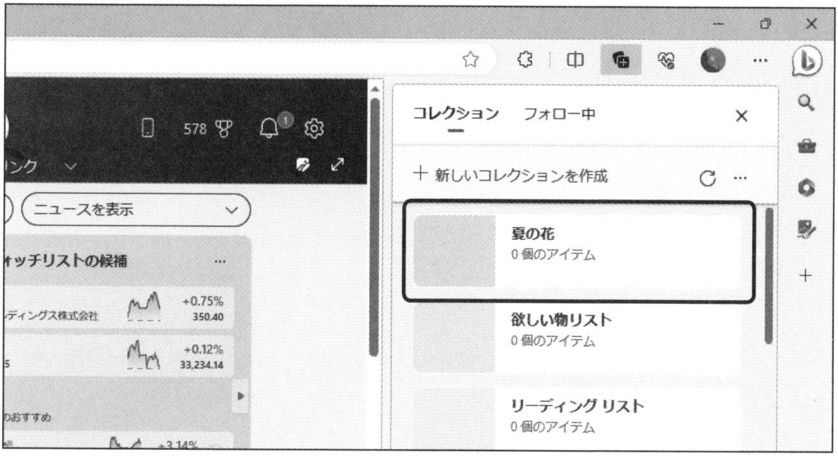

図3-3-5　新しいコレクションが追加された

■ 複数のアイテムを「コレクション」にドラッグ

サイト上に、「コレクション」に追加したいものが複数ある場合は、それらをチェックしていき、任意の「コレクション」の「＋」をクリックします。

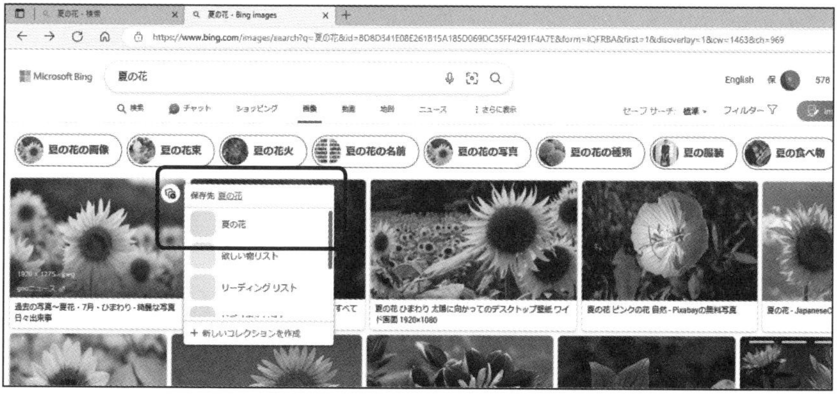

図3-3-6　画像に「コレクションアイコン」が出るので、クリック

図3-3-7　複数の画像にチェックを入れたら、コレクションの「＋」をクリック

図3-3-8　コレクションに「10個のアイテム」が追加された

■「コレクション」にメモを追加

「コレクション」にメモを追加できます。「コレクション」の説明などにするといいでしょう。

「コレクション」を開いて、「…」をクリックしてメニューから「メモの追加」アイコンを選びます。

図3-3-9　コレクションに「10個のアイテム」が追加された

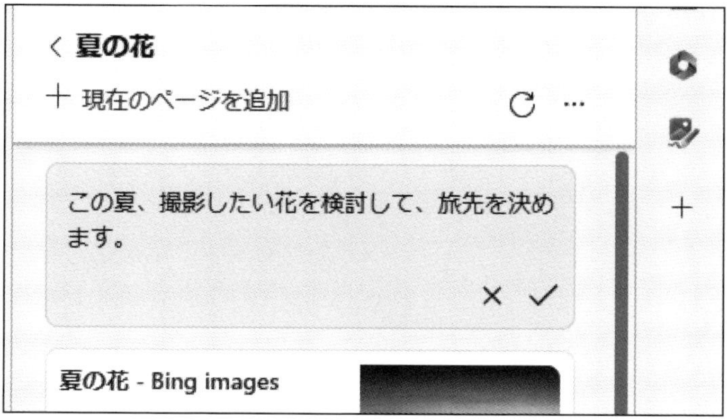

図3-3-10　コレクションに「10個のアイテム」が追加された

「メモ」は、位置を上下に動かしたり、さらに「メモ」を追加したりできます。

図3-3-11　「…」メニューから、「メモ」の位置を移動ができる

■「コレクション」を「OneNote」「Excel」「Word」にエクスポート

「保存したタブ」「アイデア」「ページ」をプロジェクト用にエクスポートしたり、共有したりして、さらに多くのタブ、アイデア、ページを取得できます。

＊

「コレクション」をエクスポートするには、「…」メニューを開いて、アプリケーションを選択。

選択したアプリケーションで、「コレクション」が自動的に開き、プロジェクトを開始したり、共有したりできます。

垂直タブ

「Microsoft Edge」では、「垂直タブ」に切り替えて整理された状態を保ち、画面の詳細を表示し、画面の横でタブを管理します

＊

■ 垂直タブに切り替え

「垂直タブ」を有効にするには、ブラウザの左上隅にある「タブアクション・メニューアイコン」をクリックし、「垂直タブを有効にする」を選びます。

図3-3-12　「タブアクション・メニューアイコン」をクリック

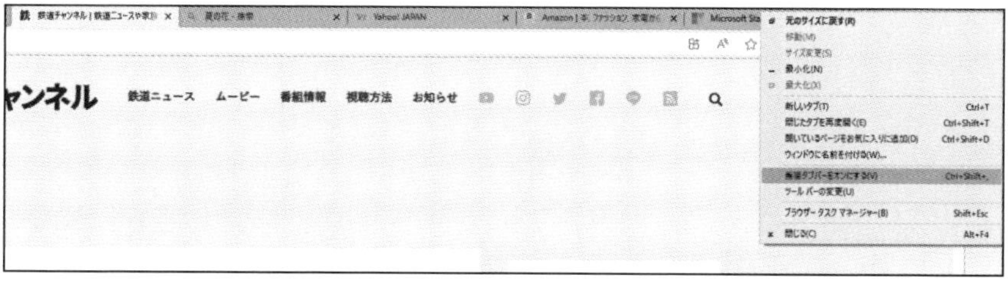

図3-3-13　タブの空いているところで右クリック。メニューから選ぶこともできる

「垂直タブ」を“オン”にすると、タブが「画面の上部」から「画面の横」に、移動します。

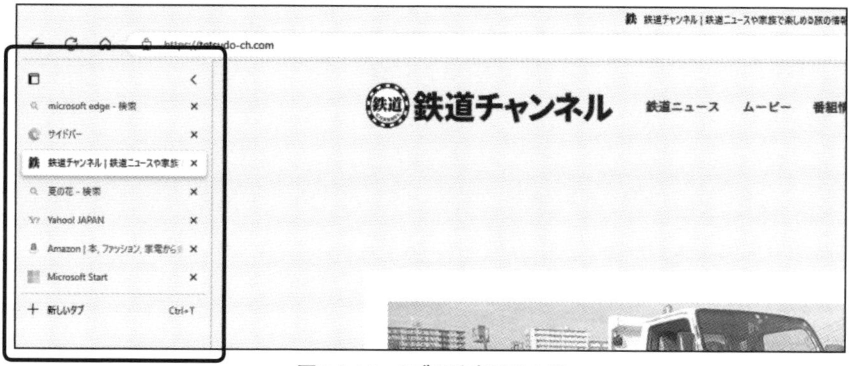

図3-3-14　タブが垂直に並んだ

ショートカットキーの［Ctrl］＋［Shift］＋［､］(カンマ)を使うことで､2つのレイアウトを素早く切り替えることができます。

■ タブのグループ化

タブグループ機能を使い､タブをグループ化できます。

タブを右クリックして､メニューの「新しいグループにタブを追加」を選びます。

図3-3-15　タブのグループ化

サイドバー

「Microsoft Edge」の「サイドバー」を使ったウェブ上のマルチタスクです。フローを中断することなく､現在のタブ内のツールやアプリなどに､素早くアクセスできます。

■ アプリを起動する、切り替える

「サイドバー」を開くには、ブラウザの右側に表示されている「アプリアイコン」をクリックします。

これらのアプリは、「Edgeバー」(右側のペイン)で開きます。
違うアプリアイコンをクリックすれば、瞬時に切り替わります。

図3-3-16　メールソフト

図3-3-17　Twitter

■「サイドバー」にサイトを追加

任意のページまたはサイトを、「サイドバー」に追加できます。

「サイドバー」で「+」をクリックし、「現在の頁を追加」や「サイトの検索」で追加してください。

図3-3-18　「サイドバー」へサイトの追加

3-4 「Microsoft Edge」のセキュリティ

「Microsoft Edge」には、「Microsoft Defender SmartScreen」や「パスワードモニター」、「InPrivate 検索」「キッズモード」など、安全にネットワークを利用するための「セキュリティ」「プライバシー」機能があります。

＊

「アカウント情報」を守る

「Microsoft Edge」の外部で作られたパスワードの「アカウント情報」を「Microsoft アカウント」に追加すれば、すべてのパスワードを安全に保存、また監視するようになります。

■ アカウント情報の登録

「設定」→「プロファイル」→「パスワード」に移動し、「パスワードの追加」を選び、「ログイン情報」を入力します。

入力が終わったら、「保存」をクリックます。

図3-4-1 「設定」の「プロファイル」から「パスワード」を選ぶ

図3-4-2　「パスワードの追加」を選ぶ

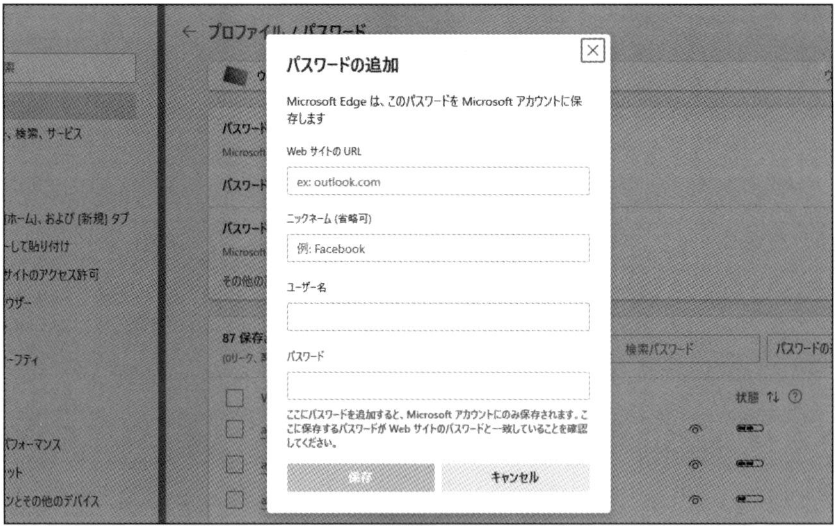

図3-4-3　「ログイン情報」を入力する

■「パスワードジェネレータ」で強固なパスワードを作る

いろいろなサイトで、「パスワード」を使い回ししていると、「パスワード漏洩」のリスクが高まります。

「Microsoft Edge」の「パスワードジェネレータ」を使い「アカウント」のセキュリティを強化し、「パスワード漏洩」のリスクを最小限に抑えましょう。

＊

「パスワードジェネレータ」が“オン”のときに、「新しいパスワード」ダイアログボックスを右クリックし、「強力なパスワードを提案」を選択して、生成されたパスワードを選択します

■「パスワードモニター」を使う

「パスワードモニター」は、「保存したパスワード」をデータ侵害に対してチェックし、パスワードが安全でない場合は「アラート」を送信して、すぐに変更できるようにします。

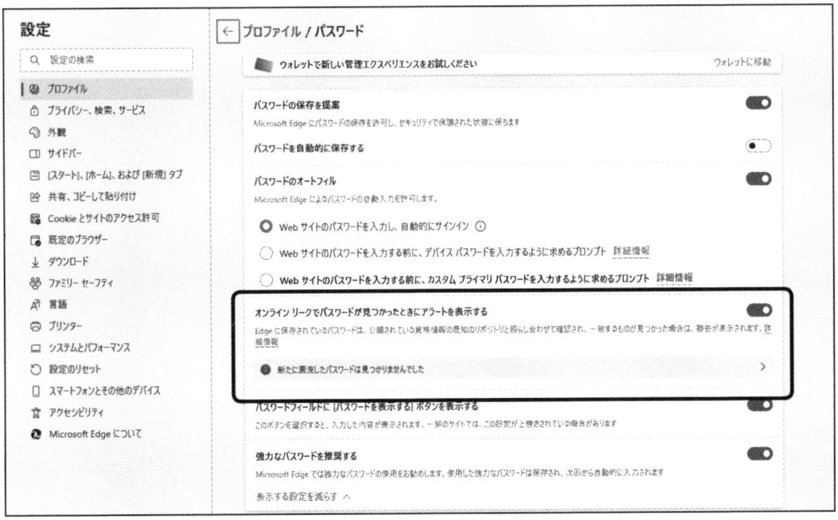
設定
設定の検索
プロファイル
プライバシー、検索、サービス
外観
サイドバー
[スタート]、[ホーム]、および [新規] タブ
共有、コピーして貼り付け
Cookie とサイトのアクセス許可
既定のブラウザー
ダウンロード
ファミリー セーフティ
言語
プリンター
システムとパフォーマンス
設定のリセット
スマートフォンとその他のデバイス
アクセシビリティ
Microsoft Edge について
プロファイル / パスワード
ウォレットで新しい管理エクスペリエンスをお試しください
ウォレットに移動
パスワードの保存を提案
Microsoft Edge にパスワードの保存を許可し、セキュリティで保護された状態に保ちます
パスワードを自動的に保存する
パスワードのオートフィル
Microsoft Edge によるパスワードの自動入力を許可します。
Web サイトのパスワードを入力し、自動的にサインイン
Web サイトのパスワードを入力する前に、デバイス パスワードを入力するように求めるプロンプト 詳細情報
Web サイトのパスワードを入力する前に、カスタム プライマリ パスワードを入力するように求めるプロンプト 詳細情報
オンライン リークでパスワードが見つかったときにアラートを表示する
Edge に保存されているパスワードは、公開されている資格情報の既知のリポジトリと照らし合わせて確認され、一致するものが見つかった場合は、警告が表示されます。詳細情報
新たに漏洩したパスワードは見つかりませんでした
パスワードフィールドに [パスワードを表示する] ボタンを表示する
このボタンを選択すると、入力した内容が表示されます。一部のサイトでは、この設定が上書きされている場合があります
強力なパスワードを推奨する
Microsoft Edge では強力なパスワードの使用をお勧めします。使用した強力なパスワードは保存され、次回から自動的に入力されます
表示する設定を減らす

図3-4-4　パスワードが安全ではないときはアラートを送信

■ パスワード漏洩を監視

「パスワード」のセキュリティは、「今すぐスキャン」を使い、いつでも確認できます。

＊

「設定」→「プロファイル/パスワード」で、「今すぐスキャン」をクリックし、実行します。

スキャンは数秒で完了し、どのパスワードが安全でなく、保護を維持するために、すぐにパスワードの更新が必要かを教えてくれます。

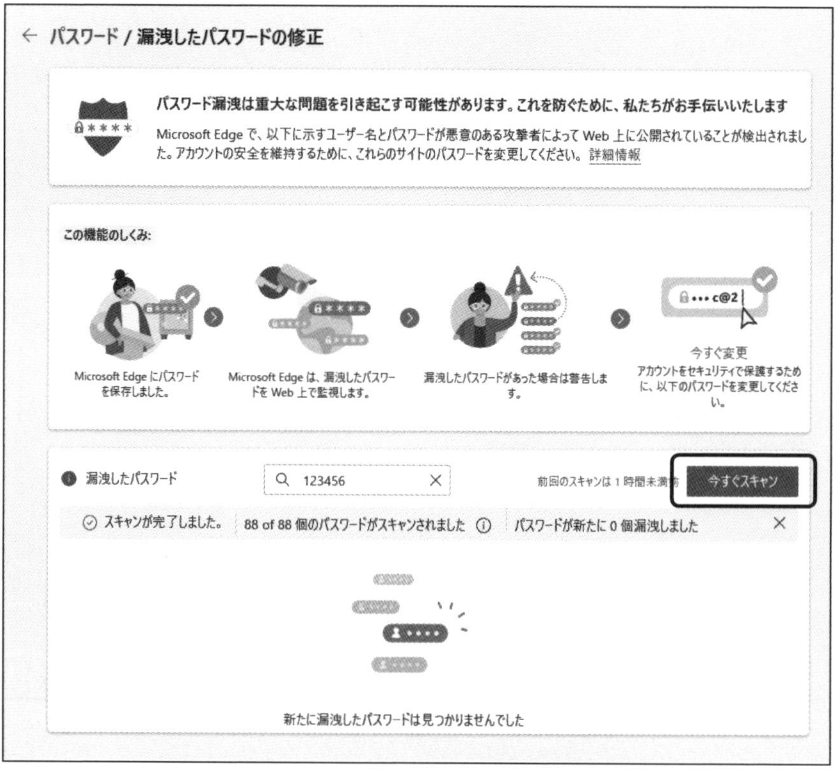

← パスワード / 漏洩したパスワードの修正
パスワード漏洩は重大な問題を引き起こす可能性があります。これを防ぐために、私たちがお手伝いいたします
Microsoft Edge で、以下に示すユーザー名とパスワードが悪意のある攻撃者によって Web 上に公開されていることが検出されました。アカウントの安全を維持するために、これらのサイトのパスワードを変更してください。 詳細情報
この機能のしくみ:
Microsoft Edge にパスワードを保存しました。
Microsoft Edge は、漏洩したパスワードを Web 上で監視します。
漏洩したパスワードがあった場合は警告します。
今すぐ変更
アカウントをセキュリティで保護するために、以下のパスワードを変更してください。
漏洩したパスワード
123456
前回のスキャンは 1 時間未満前
今すぐスキャン
スキャンが完了しました。
88 of 88 個のパスワードがスキャンされました
パスワードが新たに 0 個漏洩しました
新たに漏洩したパスワードは見つかりませんでした

図3-4-5 スキャンしてパスワードの漏洩を監視

エッセンシャル

「エッセンシャル」は、ブラウザの「パフォーマンス」や「セキュリティ」に注意が必要な場合に通知し、ブラウザの「フォーマンス」と「セキュリティ」の向上に役立つ、推奨事項を知らせます。

＊

ブラウザの設定項目の大半は、すでに“オン”になっていますが、注意が必要なときに通知を送ります。

＊

ブラウザの「パフォーマンス」と「セキュリティ」に関する追加情報にアクセスするには、ブラウザのツールバーの「ハート」アイコンをクリックします。

図3-4-6　エッセンシャルアイコン

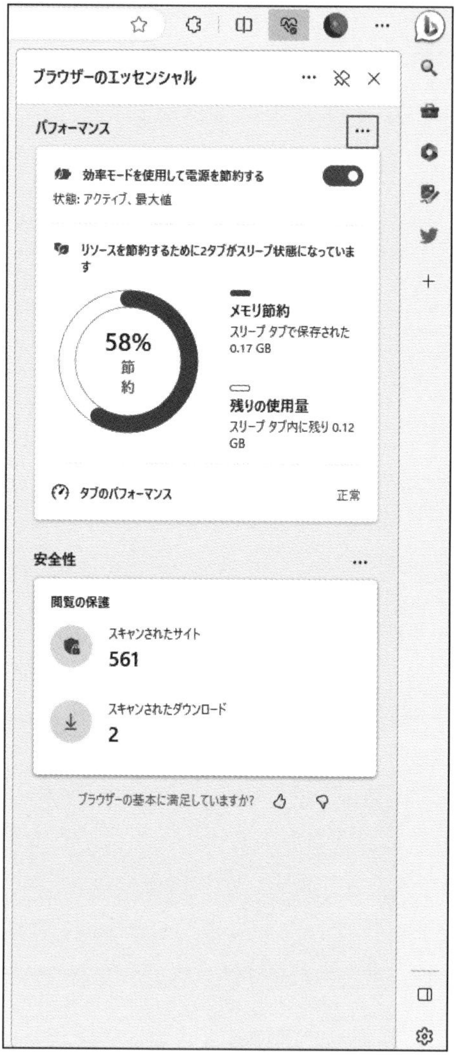

図3-4-7　ブラウザの状態が視覚的に分かる

索　引

アルファベット順

■著者紹介

《1 章》
・本間 一
・森　博之（AZPower（株））
・勝田有一朗
・ぼうきち
《2 章2節》
・新井克人
《2 ～ 3 章》
・東京メディア研究会

質問に関して

本書の内容に関するご質問は、

①返信用の切手を同封した手紙
②往復はがき
③ FAX(03)5269-6031
（ご自宅の FAX 番号を明記してください）
④ E-mail　editors@kohgakusha.co.jp

のいずれかで、工学社編集部宛にお願いします。電話によるお問い合わせはご遠慮ください。

●サポートページは下記にあります。
【工学社サイト】http://www.kohgakusha.co.jp/

I/O BOOKS

「Google Chrome」「Microsoft Edge」新機能ガイド

～「対話チャット」「画像生成」「ChatGPT」「マルチ検索」「メモリセイバー」…～

2023 年 7 月 30 日　初版発行　ⓒ 2023

編　集	I/O 編集部
発行人	星　正明
発行所	株式会社工学社
	〒 160-0004
	東京都新宿区四谷 4-28-20 2F
電話	(03)5269-2041(代)［営業］
	(03)5269-6041(代)［編集］
振替口座	00150-6-22510

※定価はカバーに表示してあります。

［印刷］（株）エーヴィスシステムズ

ISBN978-4-7775-2261-3